今すぐ使えるかんたん mini

LINE（ライン）&
Twitter（ツイッター）&
Facebook（フェイスブック）
基本&便利技

リンクアップ 著

JN238774

技術評論社

本書の見方

> セクションという単位ごとに機能を順番に解説しています。

> セクション名は、具体的な作業を示しています。

> セクションの解説内容のまとめを表しています。

Section 17 いろいろなスタンプをダウンロードしよう

第3章 ≫ トークや通話を楽しもう

スタンプには、無料でダウンロードできるもののほか、条件を満たすと手に入るEVENTスタンプ、有料で購入できるスタンプなどがあります。さまざまなスタンプが用意されているので、好みのものを探してみましょう。

> 操作内容の見出しです。

① スタンプを探す

1 <その他>をタップし、

2 <スタンプショップ>をタップします。

3 <TOP>では、人気のスタンプが並んでいます。<NEW>をタップします。

4 新着順にスタンプが表示されます。<EVENT>をタップすると、

5 条件を満たすと手に入るスタンプが表示されます。

> 番号付きの記述で操作の順番が一目瞭然です。

- 本書の各セクションでは、画面を使った操作の手順を追うだけで、LINE／Facebook／Twitterの使い方が簡単にわかるように説明しています。
- 操作の流れに番号を付けて示すことで、操作手順を追いやすくしてあります。

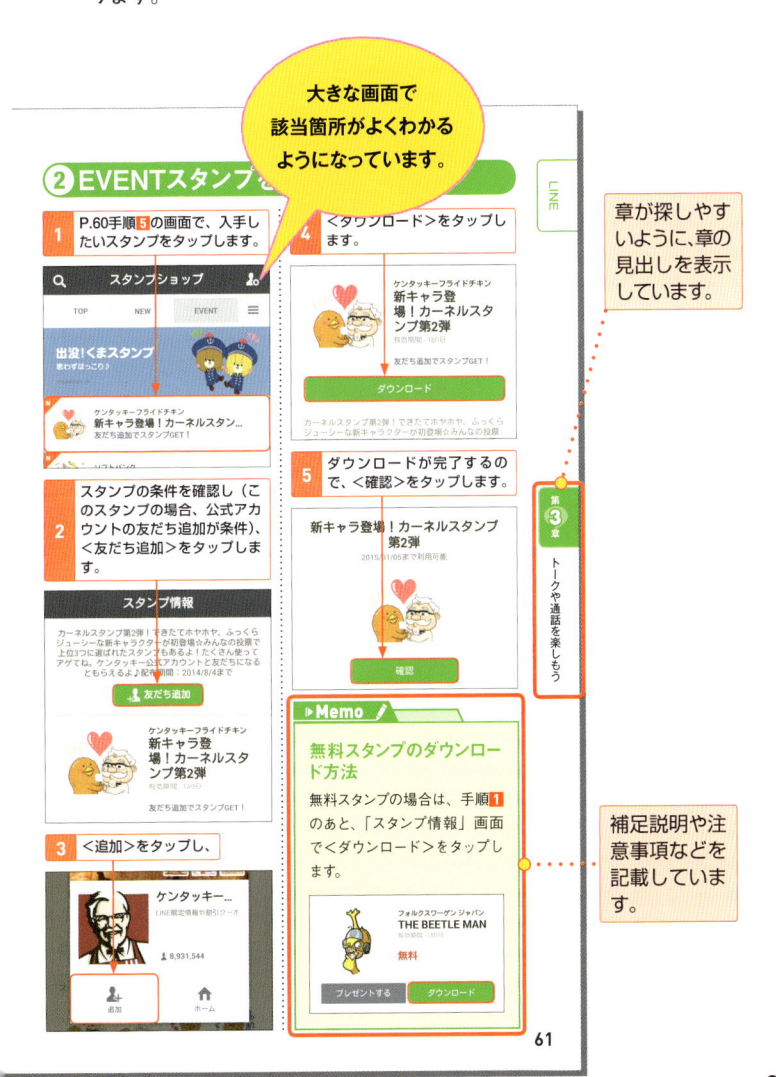

大きな画面で該当箇所がよくわかるようになっています。

章が探しやすいように、章の見出しを表示しています。

補足説明や注意事項などを記載しています。

はじめに

本書で紹介するアプリは、Androidスマートフォンでは「Playストア」から
iPhoneでは「App Store」からインストールして利用します。アプリの種類は違っ
てもインストール方法は同じなので、あらかじめインストールしておきましょう。

インストールするアプリ

LINE　　Facebook　　Twitter

❶ Androidスマホでアプリをインストールする

1 ホーム画面もしくはアプリ画面から、<Playストア>のアイコンをタップします。

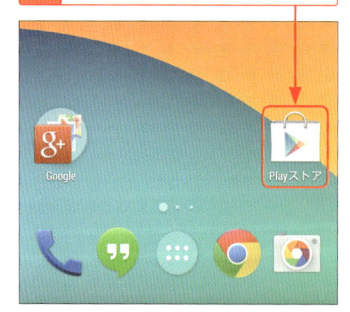

2 Playストアのトップページが表示されるので、🔍をタップします。

3 検索したいアプリ名（ここではLINE）を入力して、

4 🔍をタップします。

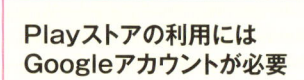

▶Memo

Playストアの利用には
Googleアカウントが必要

Playストアの利用にはGoogleアカウントが必要です。アカウントを持っていない場合は、新規取得しましょう。

5 検索結果から、インストールするアプリをタップして、

6 ＜インストール＞をタップします。

7 ＜同意する＞をタップすると、

8 アプリのインストールが開始されます。

9 インストールが完了したら、＜開く＞をタップするとアプリが起動します。

❷ iPhoneでアプリをインストールする

1 ホーム画面から＜App Store＞のアイコンをタップします。

2 App Storeのトップページが表示されるので、画面下部の＜検索＞をタップします。

3 検索したいアプリ名（ここではLINE）を入力して、

4 ＜Search＞をタップします。

5 検索結果から、インストールするアプリをタップして、

6 ＜無料＞→＜インストール＞の順にタップします。

6

7 「サインイン」画面が表示されるので、＜既存のApple IDを使用＞をタップし、

8 Apple IDのメールアドレスとパスワードを入力して、

9 ＜OK＞をタップすると、

10 アプリのインストールが開始されます。

11 インストールが完了したら、＜開く＞をタップするとアプリが起動します。

▶Memo

ログイン・ログアウトする

アプリの初回起動時は、ユーザー名とパスワードを入力してログインする必要があります。アカウントを持っていない場合は、本書で解説しているアカウント登録の方法を参考にアカウントを作成しましょう。ログイン作業は初回のみ必要となり、2回目以降はアプリを起動するだけで各サービスへログインできます。アプリを終了する際にログアウトする必要はありません。ログアウトしたい場合は、アプリによって手順が異なりますので、本書の該当ページを参考に行いましょう。

LINE編

第1章 LINE をはじめよう

Section 01 LINEとは? ……16
無料で交流できるコミュニケーションツール／LINEでできること

Section 02 LINEのアカウントを登録しよう ……18
LINEのアカウントを登録する

Section 03 LINEの起動と終了 ……20
LINEを起動する／LINEを終了する

Section 04 プロフィールを編集しよう ……22
プロフィールに名前を設定する／プロフィールにひとことを設定する／
プロフィールにアイコンを設定する／IDを設定する

第2章 友だちを追加しよう

Section 05 友だちとは? ……30
友だちになるとトークなどが楽しめる／友だちに追加されたときの応対方法

Section 06 ID検索で友だちを追加しよう ……32
ID検索で友だちを追加する

Section 07 QRコードで友だちを追加しよう ……34
QRコードで友だちを追加する／自分のQRコードを表示する

Section 08 ふるふる機能で友だちを追加しよう ……36
ふるふる機能で友だちを追加する

Section 09 電話帳を使って友だちを追加しよう ……38
電話帳を使って自動的に友だちを追加する／LINEを利用していない友だちを招待する

Section 10 知らない相手をブロックしよう ……40
友だちをブロックする／ブロックを解除する

Section 11 友だちを管理しよう ……42
電話帳からの自動追加をオフにする／「友だちへの追加を許可」をオフにする

Section 12 友だちリストを使いやすくしよう ……44
友だちの名前を変える／友だちをお気に入りに追加する／友だちを非表示にする

第3章 トークや通話を楽しもう

Section 13 友だちとトークをはじめよう ……48
友だちとトークをはじめる／友だちにメッセージを送る

Section 14 受け取ったメッセージを確認しよう ……50
受信したメッセージを確認する／
LINEを起動していない状態で受信する（Androidスマホ）／
LINEを起動していない状態で受信する（iPhone）

Section 15 トークルームを設定しよう ……52
トークルームの背景デザインを変更する／トークルームごとに背景デザインを変更する

Section 16 スタンプを使おう ……56
スタンプをダウンロードする／スタンプを利用する／スタンプの使用履歴を利用する

Section 17 いろいろなスタンプをダウンロードしよう ……60
スタンプを探す／EVENTスタンプをダウンロードする／コインをチャージする／
有料スタンプを購入する

| Section 18 | スタンプをプレゼントしよう | 64 |

スタンプを友だちにプレゼントする

| Section 19 | トークで絵文字や写真を送ろう | 66 |

絵文字を送信する／写真を送信する

| Section 20 | 動画を撮影して送信しよう | 68 |

動画を撮影して送信する

| Section 21 | 複数の友だちでトークを楽しもう | 70 |

友だちをトークルームに招待する／トークルームを作成して友だちを招待する

| Section 22 | メッセージで友だちを紹介しよう | 72 |

友だちを紹介する／企業アカウントをおすすめする

| Section 23 | 友だちと無料通話をはじめよう | 74 |

通話を発信する／ビデオ通話を発信する

| Section 24 | 友だちからの無料通話に応答しよう | 76 |

無料通話の着信に応答する／不在着信を確認する

| Section 25 | 固定電話や携帯電話に通話しよう | 78 |

LINE電話とは／LINE電話を利用する

| Section 26 | 公式アカウントを活用しよう | 80 |

公式アカウントを追加する

第4章 グループを活用しよう

| Section 27 | グループを作成しよう | 82 |

グループを作成する／招待されたグループに参加する／友だちをグループに追加する

| Section 28 | グループトークを楽しもう | 86 |

グループトークをはじめる

| Section 29 | グループ名を修正しよう | 87 |

グループ名を変更する

| Section 30 | グループ専用のアイコンを設定しよう | 88 |

グループのアイコンを設定する

| Section 31 | グループノートを使ってみよう | 90 |

グループノートに投稿する／グループノートの投稿を閲覧する

| Section 32 | グループノートの投稿に反応しよう | 92 |

投稿にいいね!を付ける／投稿にコメントを付ける

| Section 33 | グループを退会しよう | 94 |

グループを退会する

第5章 LINEのQ&A

| Section 34 | 電話番号を認証せずにLINEを使いたい! | 96 |

Facebookアカウントでログインする

| Section 35 | 通知の設定を変更するには? | 98 |

Androidスマホで通知設定を変更する／iPhoneで通知設定を変更する
iPhone本体で通知設定を変更する

| Section 36 | 着信音を変更したい! | 102 |

Androidスマホで着信音を変更する／iPhoneで着信音を変更する

| Section 37 | 勝手に見られないようにパスコードをかけたい! | 104 |

パスコードを設定する

| Section 38 | 機種変更のときに情報を引き継ぎたい! | 105 |

メールアドレスで引き継ぎを行う

- Section 39 重要なトークの内容を保存したい! ……………………………………………………106
  履歴を保存する
- Section 40 自分がブロックされているかどうか知りたい! ……………………………108
  スタンプをプレゼントして確認する（Androidのみ）
- Section 41 トーク内容を部分的に削除したい! …………………………………………109
  送信したメッセージを削除する
- Section 42 LINEのアカウントを削除したい! ……………………………………………110
  アカウントを削除する

第6章 パソコンで LINE を使おう

- Section 43 パソコンにLINEをインストールしよう ………………………………………112
  LINEをインストールする
- Section 44 パソコンでトークを楽しもう ……………………………………………………114
  トークを開始する／テキストやスタンプを送信する／パソコン内の画像を送信する／
  友だちからの画像を閲覧・保存する
- Section 45 パソコンで無料通話を楽しもう …………………………………………………118
  無料通話を発信する／無料通話の着信に応答する／LINEからログアウトする

Facebook編

第1章 Facebook をはじめよう

- Section 01 Facebookとは? …………………………………………………………………122
  日本でも定番となった世界最大のSNS／Facebookでできること
- Section 02 Facebookのアカウントを登録しよう …………………………………………124
  Facebookアプリからプロフィール情報を入力する
- Section 03 プロフィールを編集しよう ………………………………………………………128
  自己紹介を登録する／プロフィール写真を登録する／職歴と学歴を登録する／
  住んだことのある場所を登録する／交際関係を登録する／基本データを登録する
- Section 04 連絡先情報とプライバシーを設定しよう ………………………………………134
  連絡先情報を登録する／投稿時の公開範囲を指定する／つながりの設定をする／
  タグ付けされた投稿の掲載確認を設定する／アプリで共有する情報を設定する／
  Facebookアプリのお知らせ設定をする
- Section 05 Facebookのメインページを理解しよう ………………………………………140
  ホーム画面の画面構成／ニュースフィード／タイムライン／
  メッセージ・お知らせ・友達リクエスト／近況／アクティビティログ／ヘルプセンター

第2章 Facebook で友達を探そう

- Section 06 Facebookに登録している知り合いと友達になろう …………………………148
  メールアドレスで友達を検索する／友達リクエストを送る
- Section 07 さまざまな方法で友達を探そう ………………………………………………150
  Facebookのおすすめから友達を探す／友達の友達から探す
- Section 08 リストで友達を整理しよう ………………………………………………………152
  Androidスマホで友達をリストに追加する／Androidスマホでリストを作成する

Section 09 **友達リクエストに承認しよう** ……………………………………………………………**154**
友達リクエストを承認する

第3章 友達とコミュニケーションをとろう

Section 10 **近況を投稿しよう** ………………………………………………………………………**156**
近況を投稿する／近況に写真を付けて投稿する／近況にスポット情報を付けて投稿する

Section 11 **投稿を編集／削除しよう** ………………………………………………………………**160**
投稿内容を編集する／投稿を削除する

Section 12 **友達の投稿にコメントを付けよう** ……………………………………………………**162**
友達の投稿にコメントする／自分の投稿に付いたコメントに返信する

Section 13 **「いいね!」やシェアをしよう** ………………………………………………………**164**
投稿に「いいね!」をする／投稿をシェアしてほかの友達に知らせる

Section 14 **友達のプロフィールページを見よう** …………………………………………………**166**
友達のプロフィールページを見る

Section 15 **アルバムを作成しよう** …………………………………………………………………**168**
アルバムを作成する／写真をアップロードする

Section 16 **友達のアルバムを閲覧しよう** …………………………………………………………**170**
友達の写真アルバムを閲覧してコメントする

Section 17 **迷惑なユーザーをブロックしよう** ……………………………………………………**172**
友達を制限リストに登録する／制限リストから削除する

Section 18 **友達にメッセージを送信しよう** ………………………………………………………**174**
友達にメッセージを送信する／メッセージを返信する／メッセージに写真を添付する

第4章 グループでコミュニケーションしよう

Section 19 **グループに参加しよう** …………………………………………………………………**178**
招待されたグループに参加する／参加したグループを表示する／
友達をグループに追加する／グループのお知らせ設定を変更する

Section 20 **グループを利用しよう** …………………………………………………………………**182**
グループに投稿する／グループに写真を投稿する／ドキュメントを閲覧する／
グループを退会する

Section 21 **グループを作成・編集しよう** …………………………………………………………**186**
グループを作成する／グループの設定を編集する／メンバーを削除する

Section 22 **イベントを利用しよう** …………………………………………………………………**190**
招待されたイベントに参加する／イベントを作成し友達を招待する

第5章 FacebookのQ&A

Section 23 **不要な友達リクエストをなくすには?** ………………………………………………**194**
知り合いからのみ友達リクエストを受け取る

Section 24 **メールによる通知を停止したい!** ……………………………………………………**196**
メールアドレスの通知設定をする

Section 25 **公開範囲はどこまで設定すればよい?** ………………………………………………**198**
プロフィールの公開範囲を変更する／投稿の公開範囲を変更する／
検索・リクエストの公開範囲を変更する

Section 26 **Facebookアカウントを解除したい!** …………………………………………………**200**
アカウントの解除申請を行う

第6章 パソコンで Facebook を使おう

- Section 27 パソコンからFacebookにアクセスしよう ……………………………202
  Internet ExplorerからFacebookにアクセスする
- Section 28 Facebookに登録している知り合いと友達になろう ……………………204
  メールアドレスで検索する／名前で検索する／さまざまな条件で検索する
- Section 29 近況を投稿しよう ……………………………………………………208
  近況を投稿する／投稿した近況を編集する
- Section 30 「いいね!」をしよう …………………………………………………210
  「いいね!」をクリックする／Webページの「いいね!」をクリックする
- Section 31 ニュースフィードを見やすくしよう …………………………………212
  表示方法を切り替える／特定の投稿を非表示にする
- Section 32 リストを管理しよう …………………………………………………214
  リストを作成する／リストを編集する
- Section 33 グループにドキュメントをアップロードしよう ………………………216
  ドキュメントをアップロードする／ドキュメントを最新のものに更新する
- Section 34 知り合いを友達から削除しよう ………………………………………218
  知り合いを友達から削除する

Twitter編

第1章 Twitter をはじめよう

- Section 01 Twitterとは? ……………………………………………………………220
  気軽にはじめられるマイクロブログ／Twitterでできること
- Section 02 Twitterのアカウントを登録しよう ……………………………………222
  アカウントを登録する
- Section 03 プロフィールを編集しよう ……………………………………………224
  アイコンや自己紹介を登録する
- Section 04 Twitterのホーム画面の見方を覚えよう ………………………………226
  ホーム画面の画面構成／Twitterホームの表示方法
- Section 05 気になる人をどんどんフォローしよう …………………………………228
  カテゴリから探してフォローする／Twitterおすすめのユーザーをフォローする
- Section 06 Twitterでつぶやいてみよう …………………………………………230
  ツイートを投稿する
- Section 07 ツイートをチェックしよう ……………………………………………231
  新着ツイートをチェックする
- Section 08 Twitterに写真を投稿しよう …………………………………………232
  写真を投稿する／投稿した写真を確認する
- Section 09 Twitterで話題のニュースをチェックしよう …………………………234
  トレンドをチェックする／トレンドの地域を変更する
- Section 10 キーワードでツイートを検索してみよう ………………………………236
  キーワードで検索する
- Section 11 気になる人のツイートを見てみよう …………………………………237
  気になる人のツイートを一覧表示する
- Section 12 ツイートした人のプロフィールの確認をしよう ………………………238
  ツイートからプロフィールを確認する

Section 13	ツイートをお気に入りに登録しよう	239
	ツイートをお気に入りに登録する	
Section 14	投稿したツイートを削除しよう	240
	ツイートを削除する	

第2章 友達とコミュニケーションをとろう

Section 15	自分のフォローしている人とフォロワーを確認しよう	242
	フォローしている人を確認する／フォロワーを確認する	
Section 16	ほかの人のツイートにリプライで返事をしよう	244
	リプライをする	
Section 17	特定の誰かにだけメッセージを送ろう	246
	ダイレクトメッセージを送る	
Section 18	ツイートをリツイートしよう	248
	ほかの人のツイートを公式リツイートする／ほかの人のツイートを非公式リツイートする	
Section 19	同じ話題をみんなとつぶやこう	250
	ハッシュタグとは／ハッシュタグを使ってツイートする	
Section 20	リストを作ってユーザーを整理しよう	252
	リストを作成する／リストにユーザーを追加する／作成したリストを閲覧する／リストからユーザーを削除する	
Section 21	友達が何をしているのか見てみよう	256
	アクティビティをチェックする	

第3章 TwitterのQ&A

Section 22	ツイートを非公開にしたい!	258
	フォロワーだけにツイートを見てもらいたい／ほかの人からの見え方	
Section 23	特定のフォロワーをブロックしたい!	260
	フォロワーをブロックする	
Section 24	通知の設定を変更したい!	261
	ステータスアイコンの通知設定を行う	
Section 25	パスワードを忘れてしまったら?	262
	メールアドレスを使って再設定する	
Section 26	Twitterを退会したい!	264
	Twitterを退会する	

第4章 パソコンでTwitterを使おう

Section 27	パソコンからTwitterにアクセスしよう	266
	ログインする／ログアウトする	
Section 28	つぶやいてみよう	268
	ツイートを入力する	
Section 29	ツイートをチェックしよう	269
	新着ツイートをチェックする	
Section 30	ツイートをお気に入りに登録しよう	270
	ツイートをお気に入りに登録する／登録したお気に入りを確認する／お気に入りからツイートを削除する	
Section 31	気になる人のツイートを見てみよう	272
	気になる人のツイートを見る	

Section 32 気になる人をどんどんフォローしよう ………………………………273
　　　　　気になるユーザーをフォローする
Section 33 ほかの人のツイートにリプライで返事をしよう ………………………274
　　　　　誰かのツイートにリプライする
Section 34 ツイートをリツイートしよう ……………………………………………276
　　　　　公式リツイートを行う／非公式リツイートを行う
Section 35 友達が何をしているのか見てみよう ……………………………………278
　　　　　アクティビティを確認する
Section 36 投稿したツイートを削除しよう ……………………………………………279
　　　　　ツイートを削除する

ご注意：ご購入・ご利用の前に必ずお読みください

●本書に記載した内容は、情報の提供のみを目的としています。したがって、本書を用いた運用は、必ずお客様自身の責任と判断によって行ってください。これらの情報の運用の結果について、技術評論社はいかなる責任も負いません。

●サービスやソフトウェアに関する記述は、特に断りのないかぎり、2014年8月現在での最新バージョンをもとにしています。サービスやソフトウェアはバージョンアップされる場合があり、本書での説明とは機能内容や画面図などが異なってしまうこともあり得ます。あらかじめご了承ください。

●本書は、以下の環境での動作を検証しています。
Android端末：　Nexus 5 LG-D821
　　　　　　　　Android 4.4.4
iOS端末：　　　iPhone 5s
　　　　　　　　iOS 7.1.2

●インターネットの情報については、URLや画面等が変更されている可能性があります。ご注意ください。

以上の注意事項をご承諾いただいた上で、本書をご利用願います。これらの注意事項をお読みいただかずに、お問い合わせいただいても、技術評論社は対処しかねます。あらかじめ、ご承知おきください。

■本書に掲載した会社名、プログラム名、システム名などは、米国およびその他の国における登録商標または商標です。本文中では、™、®マークは明記していません。

LINE 編

第 **1** 章

LINEをはじめよう

Section 01 LINEとは?
Section 02 LINEのアカウントを登録しよう
Section 03 LINEの起動と終了
Section 04 プロフィールを編集しよう

Section 01

第1章 >> LINEをはじめよう

LINEとは？

「LINE」は、インターネットを通じてユーザー同士で通話やメッセージのやりとりができるアプリです。iPhoneやAndroidスマートフォンのほか、パソコンやフィーチャーフォンでも利用できます。

① 無料で交流できるコミュニケーションツール

「LINE」は、無料で通話やメッセージのやりとりなどができるアプリです。Androidスマートフォン、iPhoneといったスマートフォンはもちろん、機種によって利用できる機能に制限がありますが、Windows、Mac OSを搭載したパソコン、フィーチャーフォン（一般的な携帯電話）などでも利用できます。
LINEをデバイスにインストールしてアカウントを作成すると、「友だち」と呼ばれるLINEユーザーとコミュニケーションが取れるようになります。また、LINEは世界231の国と地域でリリースしているため、日本国内だけでなく海外のLINEユーザーともやりとりできます。

● 通話やメッセージのやりとりが無料で楽しめる

Android スマートフォン

パソコン

iPhone

フィーチャーフォン

② LINEでできること

● トークとスタンプ

LINE では、友だちとメッセージをやりとりする「トーク」が利用できます。トークではテキストや絵文字、顔文字の利用はもちろん、写真、動画、位置情報、音声などを送受信し、友だちとのコミュニケーションを楽しむことができます。そしてトークの最大の特徴は、LINE 独自のイラスト「スタンプ」が利用できる点です。スタンプは言葉では伝わりづらい感情や気持ちをストレートに表現でき、種類も豊富なことから、LINE の人気を支える要因の 1 つとなっています。

● グループ

LINE では「グループ」を作成することで、「グループトーク」「グループノート」の機能を利用できます。グループトークは、グループに参加しているメンバー全員でトークできるため、相談や話し合いに活用できます。グループノートは、グループメンバーで利用できる掲示板のような機能です。このように、複数のメンバーとのコミュニケーションがスムーズに行える点も、LINE の魅力と言えるでしょう。

● そのほかにも楽しめる機能が満載

そのほかにも、友だち同士であればいつでも利用可能な無料通話や、日記のように活用できる「ホーム」、友だちのホームが時系列順に表示される「タイムライン」などの機能があります。また、LINE に関連したゲームやカメラアプリなど、新しいサービスやアプリが続々とリリースされています。

スタンプで楽しくコミュニケーション	グループトークでみんなと交流	ホームで自分の近況を知らせる

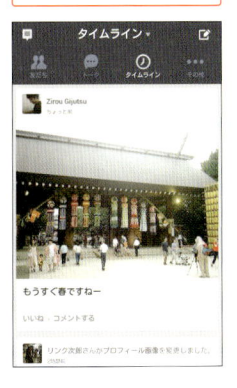

Section 02 LINEのアカウントを登録しよう

第1章 >> LINEをはじめよう

LINEアプリをインストールしたら、まずはLINEのアカウントを登録する必要があります。ここでは、Androidスマートフォンで電話番号を使った認証方法を紹介します。iPhoneでもほぼ同様の操作で登録できます。

❶ LINEのアカウントを登録する

1 アプリケーション画面で＜LINE＞をタップします。

2 ＜新規登録＞をタップし、

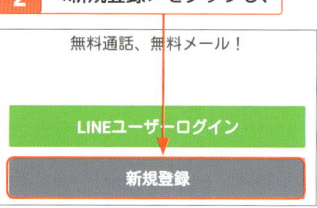

3 電話番号を入力し、

4 ＜次へ＞をタップします。

5 「利用規約」と「プライバシーポリシー」内をドラッグして内容を確認し、

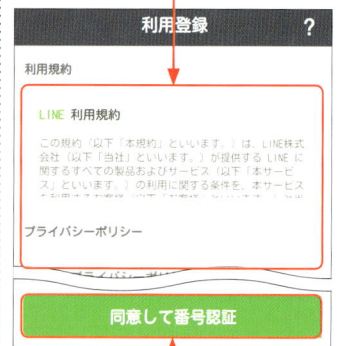

6 ＜同意して番号認証＞をタップして、

7 ＜確認＞をタップし、認証番号が記載されたSMSを確認します。

8 SMSに記載された認証番号を入力し、

利用登録　?

SMSで届いた認証番号を入力して下さい。

```
6190
```

次へ

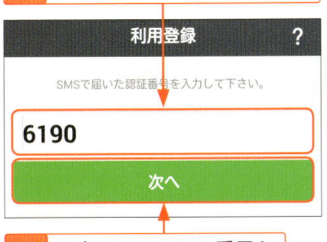

9 <次へ>→<この番号を初めて使う場合>をタップします。

10 「友だち自動追加」と「友だちへの追加を許可」のチェックボックスをタップしてチェックを外し、

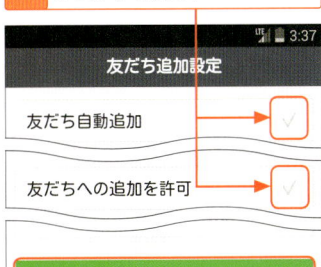

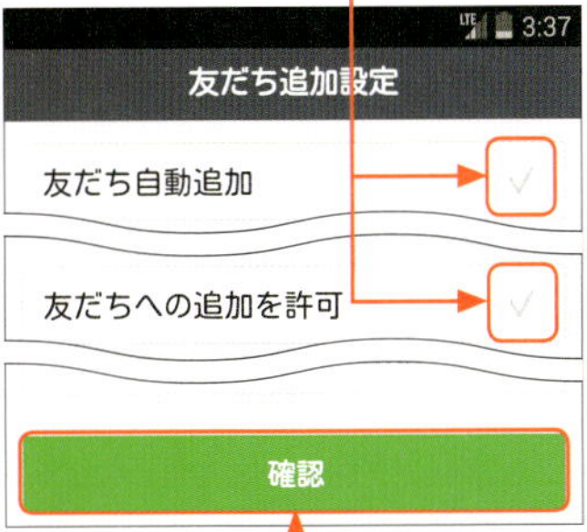

友だち追加設定

友だち自動追加

友だちへの追加を許可

確認

11 <確認>→<スキップする>をタップします。

12 自分の名前を入力して、

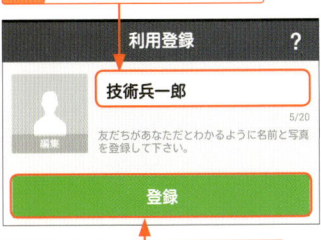

利用登録　?

```
技術兵一郎
```
5/20

友だちがあなただとわかるように名前と写真を登録して下さい。

登録

13 <登録>をタップします。

14 メールアドレスと任意のパスワードを入力し、

メールアドレス登録

端末や電話番号を変更しても友だち、グループ、プロフィール情報など既存のアカウント情報を読み込むことができます。
また、PCでLINEを利用できます。

メールアドレス

```
linkupgalaxy@gmail.com
```

パスワード　　　　　　　　　　10/20

```
..........
```

```
..........
```

今すぐ設定する

いまは登録しない

15 <今すぐ設定する>をタップしたあと、

16 メールアドレスに記載された認証番号を入力し、

メールアドレス登録

linkupgalaxy@gmail.com

上記のメールアドレスに認証番号を送信しました。下の入力ウィンドウに、認証番号を入力してください。

```
0360
```

登録する

認証番号が届かない場合
1. メールアドレスをもう一度ご確認下さい。
2. メールボックスの迷惑メールフォルダを一度ご確認下さいそれでも認証番号が届かない場合は、以下の「認証番号の再送信」を選択して、認証番号を再度受けるか、「メール送信」を選択して、メールを直接送信してください。

認証番号再送信

17 <登録する>→<確認>をタップすると、設定が完了します。

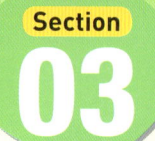

Section 03 LINEの起動と終了

第1章 >> LINEをはじめよう

AndroidスマートフォンやiPhoneでは、LINEのアイコンをタップするだけでアプリが起動し、■やホームボタンをタップするだけでアプリが終了します。Sec.02で端末の認証が済んでいれば、起動するとすぐにLINEが利用できます。

❶ LINEを起動する

1 ホーム画面から、アプリケーション画面表示アイコンをタップします。

2 アプリケーション画面で<LINE>をタップすると、

3 LINEが起動し、メイン画面が表示されます。

▶Memo

iPhoneでLINEを起動する

iPhoneでLINEを起動する場合は、ホーム画面から直接<LINE>をタップします。

20

❷ LINEを終了する

1 P.20手順**1**〜**3**を参考にLINEを起動します。

2 LINEの起動中に画面下部の🏠をタップすると(スマートフォン本体にホームキーがある場合は、ホームキーを押すと)、

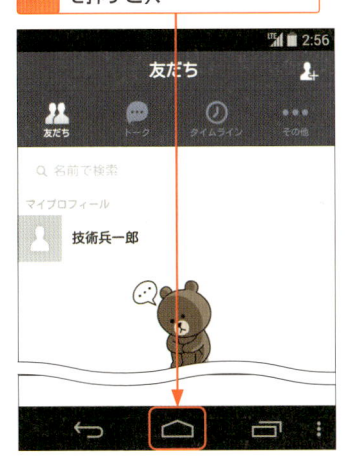

3 LINEの画面が閉じ、ホーム画面が表示されます。

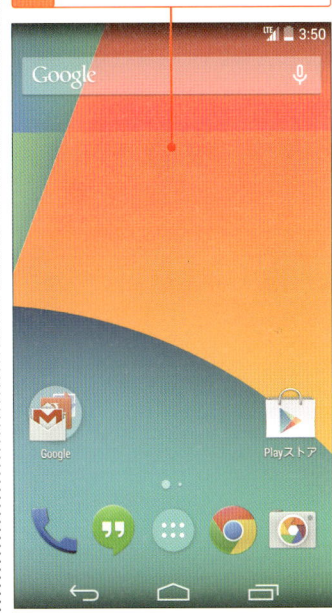

▶Memo

iPhoneでLINEを終了する

iPhoneでLINEを終了する場合は、iPhone本体のホームボタンを押してLINEの画面を閉じます。

第❶章 LINEをはじめよう

Section 04 プロフィールを編集しよう

第1章 >> LINEをはじめよう

プロフィールにアイコンやひとことを設定してみましょう。また、「ID」を設定すると、友だちとつながりやすくなります。なお、一度設定したIDは変更できないので注意しましょう。

① プロフィールに名前を設定する

1 <その他>をタップして、

2 <設定>をタップし、

3 <プロフィール設定>（iPhoneでは<プロフィール>）をタップして、

4 <名前>をタップします。

5 名前を修正・変更したら、

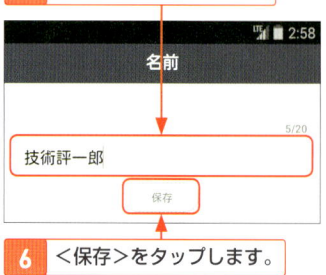

6 <保存>をタップします。

❷ プロフィールにひとことを設定する

1. P.22手順4の「プロフィール設定」画面（iPhoneでは「プロフィール」画面）で「ひとこと」内の＜未設定＞をタップし、

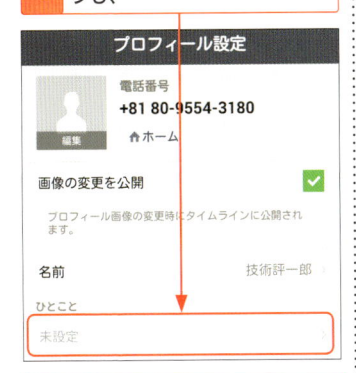

2. 入力欄に今の気持ちや近況などを入力し、

3. ＜送信＞をタップします。

「ひとこと」が設定されます。

4. 画面下部の⌨→↙の順にタップすると（iPhoneでは＜閉じる＞をタップすると）、

5. 手順1の画面に戻り、「ひとこと」が反映されます。

▶Memo

「ひとこと」とは

「ひとこと」に入力した内容は、「友だち」画面であなたのアカウントの右に表示されます。あなたを友だち登録している相手に常に表示されるので、近況などを入力して知らせましょう。

❸ プロフィールにアイコンを設定する

1 「プロフィール設定」画面（iPhoneでは「プロフィール」画面）を表示して、画面左上のアイコンをタップし、

2 ＜写真を撮る＞もしくは＜ライブラリから選択＞（iPhoneでは＜アルバム＞）のどちらかをタップします。ここでは＜ライブラリから選択＞をタップします。

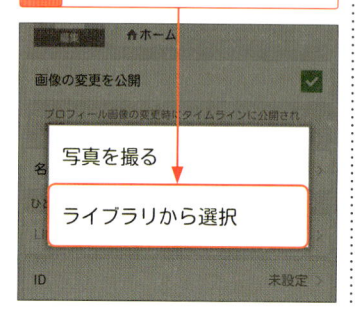

3 プロフィールに使用したい画像が入っているフォルダをタップし、

4 使いたい画像をタップします。

5	■■をドラッグして選択範囲を調節し、

6	枠内をドラッグして選択位置を調節し、

7	<選択>（iPhoneでは<確認>）をタップしたあと、

8	適用したい効果をタップし、

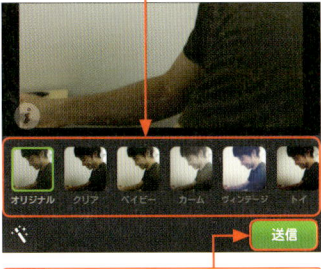

9	<送信>（iPhoneでは<確認>）をタップすると、

10	選択した画像がアイコンに設定されます。

▶Memo

LINEのメイン画面に戻るには

「プロフィール設定」画面を表示した状態で■を1回押すと、LINEのメイン画面に戻ります。iPhoneの場合は、「プロフィール」画面右上の<閉じる>をタップすると、LINEのメイン画面に戻ります。

1	「プロフィール」画面で<閉じる>をタップすると、

2	LINEのメイン画面に戻ります。

❹IDを設定する

1 ＜その他＞をタップし、

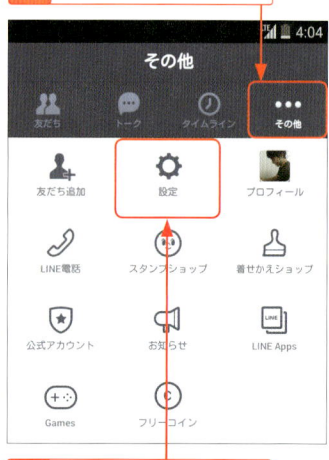

2 ＜設定＞をタップして、

3 ＜プロフィール設定＞(iPhoneでは＜プロフィール＞) をタップします。

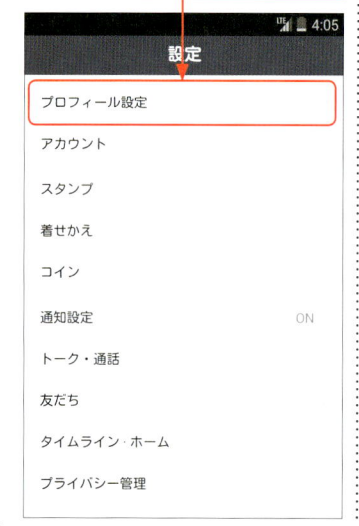

4 ＜ID＞をタップし、

▶Memo

IDの変更や削除は不可

IDとは、LINE上での自分の目印のようなものです。たとえば友人がLINEを使っている場合、自分のIDを伝えてID検索をしてもらうことで(Sec.06参照)、気軽に友人とつながることができます。なお、IDは設定後に変更したり削除したりすることができません。よく確認して設定しましょう。

5 入力欄に使用したいID名を入力して、

ID

LINEで使用するIDを設定してください。
※一度設定したIDは変更できません。

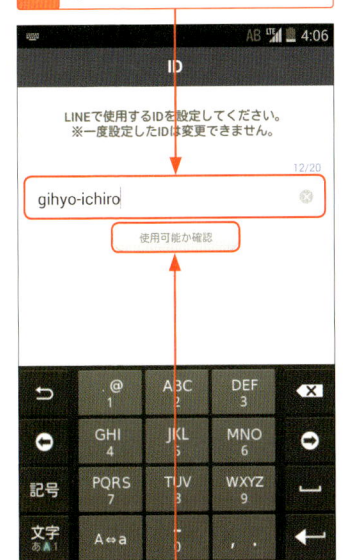

gihyo-ichiro

使用可能か確認

6 ＜使用可能か確認＞をタップします。

7 「このIDは利用可能です。」と表示されたら、＜保存＞をタップすると、

ID

このIDは利用可能です。

gihyo-ichiro

保存

---

8 IDの設定が完了し、「プロフィール設定」画面にIDが表示されます。

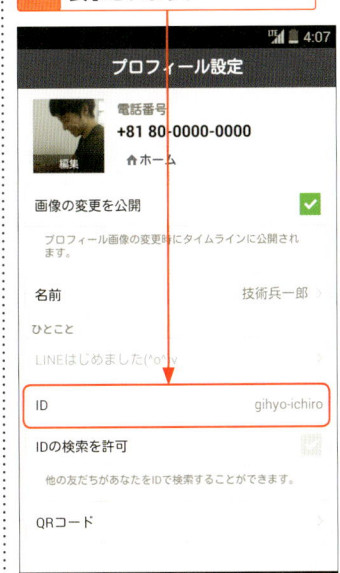

プロフィール設定

電話番号
+81 80-0000-0000
♠ホーム

編集

画像の変更を公開 ✔

プロフィール画像の変更時にタイムラインに公開されます。

名前　　　　　　　　　　　　　　技術兵一郎

ひとこと

LINEはじめました(°o°)v

ID　　　　　　　　　　　　　　　gihyo-ichiro

IDの検索を許可

他の友だちがあなたをIDで検索することができます。

QRコード

▶Memo

年齢確認をする

設定したIDで友だちから検索されるようにするには、手順 **8** の「プロフィール設定」画面で「IDの検索を許可」のチェックをONにする必要があります。P.19手順 **11** で＜スキップする＞をタップしていた場合は、「年齢確認」画面が表示されるので、＜年齢確認をする＞をタップしたあと、画面の指示に従い設定を完了させましょう。なお、18歳未満のユーザーはID検索を利用することができません。

LINE

第1章　LINEをはじめよう

▶Memo

LINEに表示される名前

LINEでは、LINEをインストールしたスマートフォンの電話帳を利用して、友だちを登録できます（Sec.09参照）。電話帳を使って追加した友だちの名前は、自分が電話帳に登録した名前でLINE上に表示されます。

たとえば、自分の電話帳に「佐藤太郎」と登録してある友だちが、プロフィールに「SATOTARO」と名前を設定していても、自分のLINE上には「佐藤太郎」と表示されます。

LINEのプロフィールに設定した名前は、電話帳を使わずに友だち登録した場合や、パソコンでLINEを利用するときに表示されます。パソコンでは、LINEのアカウントと関連しているスマートフォンの電話帳の情報を読み取れないからです。

もしプロフィールに本名を登録していると、まったく面識のない相手に本名が知られてしまうおそれがあります。また、万が一悪意を持った相手が、相手自身の電話帳にランダムな電話番号を登録し、電話帳を使った友だちの自動登録を行ったあと、パソコンで友だちの名前を閲覧すると、電話番号と本名を照会できてしまう可能性もあります。

こうした心配がある場合は、「友だちへの追加を許可」をオフにする（Sec.11参照）、プロフィールの名前には本名を登録しないといった対策を施しておきましょう。

Sec.02では「友だちへの追加を許可」の機能をオフにするように紹介しています。そのため、本書通りに登録を行っている場合は、知らない相手に友だち登録されることはありません。

「友だちへの追加を許可」の機能をオンからオフに切り替えたい場合は、Sec.11を参考にして操作を行いましょう。

LINE編

第2章

友だちを追加しよう

Section 05	友だちとは？
Section 06	ID検索で友だちを追加しよう
Section 07	QRコードで友だちを追加しよう
Section 08	ふるふる機能で友だちを追加しよう
Section 09	電話帳を使って友だちを追加しよう
Section 10	知らない相手をブロックしよう
Section 11	友だちを管理しよう
Section 12	友だちリストを使いやすくしよう

Section 05 友だちとは?

第2章 >> 友だちを追加しよう

LINEでトークや無料通話を楽しむには、ほかのLINEユーザーを「友だち」に追加する必要があります。ここでは、LINEを使ううえで欠かせない「友だち」の仕組みについて紹介します。

❶ 友だちになるとトークなどが楽しめる

LINE ユーザーを「友だち」に追加すると、トークなどが楽しめるようになります。ID 検索や QR コード検索を利用して友だちを探し、友だちリストへの追加を行いましょう。友だちの追加に相手の許諾は必要ありません。つまり一方的に相手を友だちに追加できます。ただし、自分と相手、双方がお互いを友だちに追加しなければ、無料通話は利用できません。友だちをわざわざ一人ずつ追加するのが面倒な場合は、スマートフォンなどの電話帳を使って、友だちを自動で追加しましょう（Sec.09 参照）。なお、LINE には、LINE が公式に推薦するアカウント「公式アカウント」も友だちに追加できます。公式アカウントを友だちに追加すると、限定クーポンや最新情報などが入手できます。公式アカウントについては Sec.26 を参照してください。

● 友だち登録の仕組み

BがAを友だちに追加していないため、AとBの間でトークなどは利用できますが、無料通話は利用できません。

AもBもお互いに友だちに追加しているため、AとBの間で無料通話も利用できます。

● 友だちのさまざまな検索方法

友だちの検索・追加方法はいくつかあります。Sec.06 〜 09を参考にして、自分に合った方法を利用しましょう。

❷ 友だちに追加されたときの応対方法

誰かがあなたを友だちとして追加すると、「知り合いかも?」という項目内にその相手が表示されます。相手が知り合いであるなら友だちに追加して、無料通話ができるようにしましょう。知り合いではない、またはトークなどを楽しむような間柄ではない人であった場合は、ブロックすることでまったく交流ができなくなるようにできます（ブロックの解除方法や、一度友だちに追加した相手をブロックする方法は Sec.10 参照）。

相手があなたを友だちに追加すると、＜その他＞に通知が表示されます。なお、新着のお知らせなどがあった場合も、同様に通知が表示されます。

1 ＜その他＞をタップして、

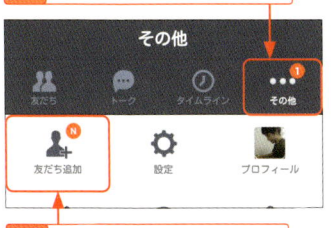

2 ＜友だち追加＞をタップします。

3 「知り合いかも?」にあなたを友だちに追加したアカウントが表示されるので、アカウント名をタップします。

4 友だちに追加する場合は＜追加＞をタップします。追加しない場合は、＜ブロック＞をタップします（Memo参照）。

▶ Memo

ブロックとは

手順**4**で＜ブロック＞をタップすると、「知り合いかも?」にブロックした相手が表示されなくなり、完全に相手は1対1でやりとりできなくなります。ブロックされた相手はあなたにメッセージなどを送ることはできますが、あなた側は受信することはありません。なお、相手にはブロックしたことは通知されません。

Section 06 ID検索で友だちを追加しよう

第2章 >> 友だちを追加しよう

友だちと無料通話などのやりとりをするためにも、まずはお互いに友だちに追加しあっておきましょう。ここでは、ID検索で友だちを見つける方法を説明します。なお、18歳未満のユーザーはID検索を利用することができません。

① ID検索で友だちを追加する

1 ＜その他＞をタップして、

2 ＜友だち追加＞をタップし、

3 ＜ID検索＞をタップします。

4 入力欄に友だちのIDを入力し、

5 をタップします。

▶Memo

ID検索には年齢認証が必要

P.19手順 11 で＜スキップする＞をタップしていた場合は、手順 5 のあとで「年齢認証」画面が表示されます。＜年齢認証をする＞をタップしたあと、画面の指示に従い設定を完了させましょう。なお、ID検索を利用するには、検索される相手が「IDの検索を許可」をオンにしている必要があり、この操作を行う際にも、年齢認証の設定が必要となります。どちらの機能も18歳未満のユーザーは利用できません。

6 入力したIDに該当する友だちが表示されたら、

7 ＜友だちリストに追加＞（iPhoneでは＜追加＞）をタップします。

友だちを追加すると、P.32手順 **3** の画面に戻ります。

8 Androidスマートフォン本体のバックキーを押します（iPhoneでは＜閉じる＞をタップします）。

9 ＜友だち＞をタップすると、「新しい友だち」と「友だち」に追加した新しい友だちが表示されます。

▶Memo

IDを検索されないようにしたい

他のユーザーに自分のIDを検索されたくないときは、LINEの起動画面で＜その他＞をタップし、＜設定＞→＜プライバシー管理＞をタップします。そのあと「IDの検索を許可」のチェックボックスをタップして、チェックを外しましょう。

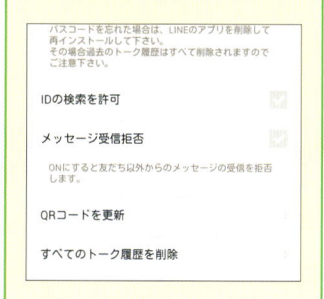

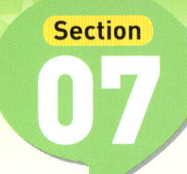

Section 07 QRコードで友だちを追加しよう

第2章 ≫ 友だちを追加しよう

ID検索が利用できない場合は、相手のスマートフォンなどでQRコードを表示してもらうか、QRコードをメールに添付して送ってもらい、QRコードを読み取ることで、友だちへの追加を実行できます。

① QRコードで友だちを追加する

1 <その他>をタップして、

2 <友だち追加>をタップし、

3 <QRコード>をタップします。

4 「QRコードリーダー」画面が表示されるので、フレーム内に友だちのQRコードを合わせて読み取ります。

5 <友だちリストに追加>(iPhoneでは<追加>)をタップすると、友だちを追加できます。

② 自分のQRコードを表示する

1 P.34手順4の画面を表示し、＜自分のQRコードを表示＞（iPhoneでは＜自分のQRコード表示＞）をタップします。

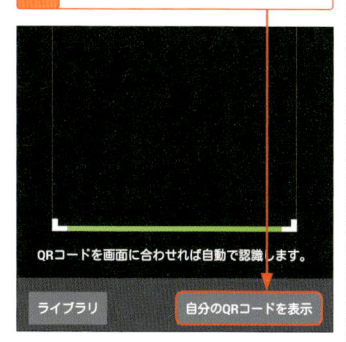

QRコードを画面に合わせれば自動で認識します。

ライブラリ　　自分のQRコードを表示

自分のQRコードが表示されます。

友だちがこのQRコードをLINEのQRコードリーダーでスキャンすると、あなたを友だちに追加できます。

QRコードリーダー

2 Androidスマートフォン本体のメニューキーや画面内のメニューアイコンを押して（iPhoneでは▽をタップして）、

3 ＜メールを送信＞（iPhoneでは＜メールで送信＞）をタップして、Androidスマートフォンの場合はメール送信に利用するメールアプリを選択すると、

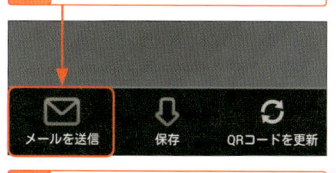

メールを送信　　保存　　QRコードを更新

4 自分のQRコードを添付したメールが表示されます。相手に送って友だちに追加してもらいましょう（Memo参照）。

▶Memo

QRコードの画像を読み込む

P.34手順4の画面を表示し、＜ライブラリ＞をタップし、相手から送ってもらったQRコードの画像を選択します。QRコードの画像を選択すると、P.34手順5の画面が表示されるので、同様の手順で友だちを追加できます。

QRコードを画面に合わせれば自動で認識します。

ライブラリ　　自分のQRコードを表示

＜ライブラリ＞をタップする

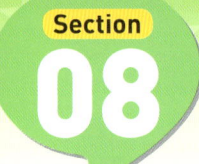

Section 08 ふるふる機能で友だちを追加しよう

第2章 >> 友だちを追加しよう

そばに友だちに追加したい相手がいる場合は、「ふるふる」機能を利用しましょう。相手と一緒にスマートフォンを振るだけで、友だちに追加できます。この機能は複数人でも利用できます。

① ふるふる機能で友だちを追加する

1 あらかじめ位置情報に関する設定を有効にしておき、<その他>をタップし、

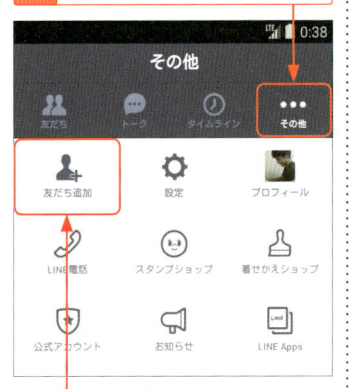

2 <友だち追加>をタップして、

3 <ふるふる>をタップします。

4 「ふるふる」画面が表示されたら、相手と一緒にスマートフォンを振ると、

5 相手のアカウントが表示されます。友だちのアカウント名をタップし、

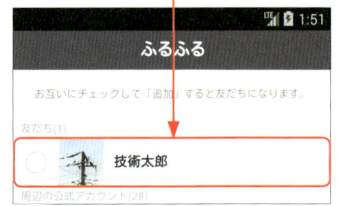

6 <追加>をタップすると、

相手も<追加>をタップすると、「友だち登録完了」が表示されます。

ふるふる

お互いにチェックして「追加」すると友だちになります。

友だち(1)
- ✓ 技術太郎

周辺の公式アカウント(29)
- ○ クリエイトSD新宿エリア
- ○ 東進
- ○ カレコ リパーク西早稲田２丁…
- ○ ミツバチ蜂針療法院
- ○ カレコ 早稲田駅前第２
- ○ 中華料理 北京
- ○ リアット！早稲田店

追加(1)

ふるふる

お互いにチェックして「追加」すると友だちになります。

友だち(1)
- 技術太郎 　　　　　　　友だち登録完了

「リクエスト中」と表示されます。

ふるふる

お互いにチェックして「追加」すると友だちになります。

友だち(1)
- 技術太郎 　　　　　　　リクエスト中

7 Android スマートフォン本体のバックキーを押します（iPhoneでは<閉じる>をタップします）。

8 P.36手順3の画面に戻ります。

友だち追加

- 招待
- QRコード
- ふるふる
- ID検索

グループ作成

おすすめ公式アカウント(2)　　　すべて見る
- マツモトキヨシ　クーポン配信するで※分ます！
- an　「an」公式★夏キャンペーン実施中！

第2章 友だちを追加しよう

第2章 >> 友だちを追加しよう

Section 09 電話帳を使って友だちを追加しよう

友だちを一人ひとり追加するのが面倒なときは、「友だち自動追加」機能が便利です。スマートフォンの電話帳に登録されている連絡先を、まとめて友だちに追加できます。

① 電話帳を使って自動的に友だちを追加する

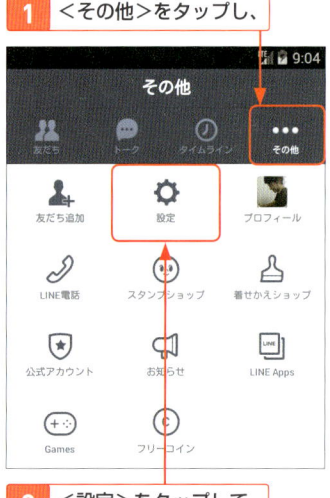

1 <その他>をタップし、

（その他画面：友だち追加、設定、プロフィール、LINE電話、スタンプショップ、着せかえショップ、公式アカウント、お知らせ、LINE Apps、Games、フリーコイン）

2 <設定>をタップして、

3 <友だち>(iPhoneの場合は<友だち>→<アドレス帳>)をタップし、

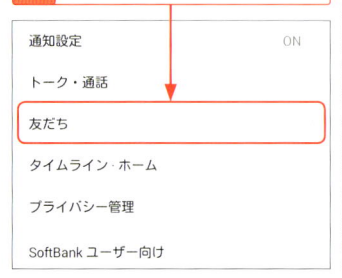

通知設定　　　　　　　　ON
トーク・通話
友だち
タイムライン・ホーム
プライバシー管理
SoftBank ユーザー向け

4 「友だち自動追加」のチェックボックス(iPhoneでは ）か「最終追加」の をタップし、

友だち
友だち自動追加
最終追加： 2014/07/06 21:05

5 <確認>(iPhoneでは<OK>)をタップすると、電話帳のデータを使った友だちの自動追加が開始されます。

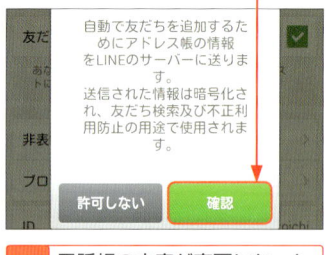

自動で友だちを追加するためにアドレス帳の情報をLINEのサーバーに送ります。
送信された情報は暗号化され、友だち検索及び不正利用防止の用途で使用されます。

[許可しない]　[確認]

6 電話帳の内容が変更になったときは、「最終追加」の をタップします。

友だち自動追加　　　　　✓
最終追加： 2014/07/06 21:05
アドレス帳の友だちを自動で友だちリストに追加します。手動で同期したい場合は同期ボタンを押してください。

▶Hint

友だち自動追加の注意点

電話帳内のLINEユーザーを一度に友だちに追加できる機能は便利ですが、自分の意図しないLINEユーザーも友だちに追加されてしまう可能性があります。もし追加してしまった場合は、Sec.10を参考にしてブロックしましょう。また、Facebookを利用してLINEを利用しているユーザーは、友だち自動追加に反映されない可能性があります。追加できなかった場合は、ほかの検索機能を用いて友だちに追加しましょう。

② LINEを利用していない友だちを招待する

1 <その他>→<友だち追加>→<招待>をタップしたら招待方法をタップして、

招待方法
- SMS
- E-mail

2 追加したい友だちのメールアドレスの<+招待>（iPhoneでは<招待>）をタップします。

Q 名前で検索

- 飯田橋 光一　iidabashi@gmail.com　+招待
- 市ケ谷 三郎　ichigaya@gmail.com　+招待
- 市ケ谷直俊　naotoichigaya@gmail.com　+招待
- 技術 三四郎　gihyo.eluga@gmail.com　+招待
- 技術 次郎　gijutsu.tarou@gmail.com　+招待
- 技術義人　gijutsuyoshito@gmail.com　+招待
- 平成 次郎　linkhnk@gmail.com　+招待
- 平成 次郎　+招待

3 Androidスマートフォンではメール送信に利用するアプリをタップし、

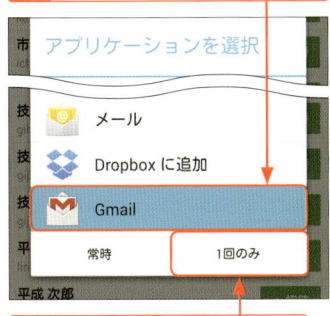

アプリケーションを選択
- メール
- Dropbox に追加
- Gmail

常時 ／ 1回のみ

4 <1回のみ>をタップして、

5 メール内容を確認して送信します。

Ｍ 作成

linkupgalaxy@gmail.com

To 平成 次郎

LINEで一緒に話そう！

技術評一郎から、無料通話・無料メールアプリ「LINE」の招待が届いています。

Section 10

第2章 >> 友だちを追加しよう

知らない相手をブロックしよう

自動追加などで意図せず追加してしまった友だちは、ブロックして交流できないようにしましょう（「知り合いかも?」に表示される友だちをブロックする方法はP.31のMemoを参照）。

❶ 友だちをブロックする

1 ＜友だち＞をタップし、

2 ＜編集＞をタップして、

3 ブロックしたい友だちをタップし、

4 ＜ブロック＞をタップしたら、

5 ＜確認＞（iPhoneでは＜OK＞)をタップします。

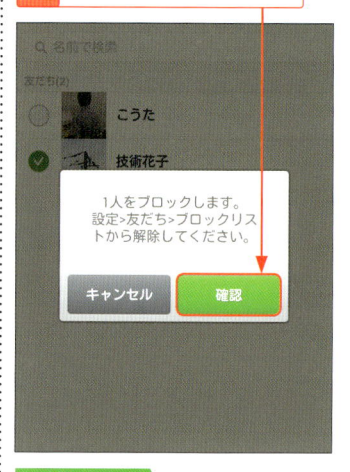

1人をブロックします。
設定>友だち>ブロックリストから解除してください。

▶Memo

ブロックした相手にはどう見える？

こちらからブロックしたことは、相手には通知されず、相手の友だちの一覧にも、あなたは表示されたままの状態です。相手側からトークや無料通話は実行できますが、ブロックした側のアカウントには届きません。

❷ ブロックを解除する

1 ＜その他＞をタップして、

2 ＜設定＞をタップし、

3 ＜友だち＞をタップして、

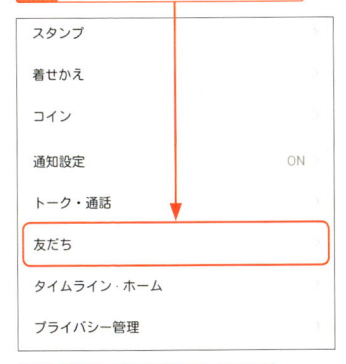

4 ＜ブロックリスト＞をタップします。

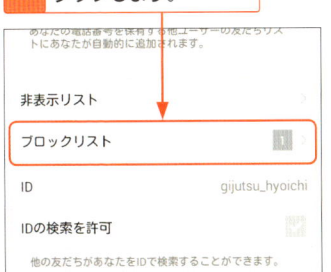

5 ブロックを解除したいアカウントの＜編集＞をタップし、

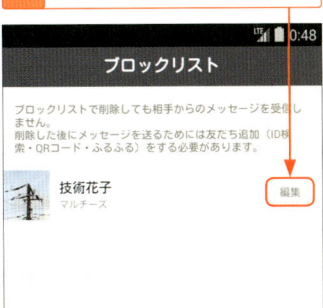

6 ＜ブロック解除＞をタップします。

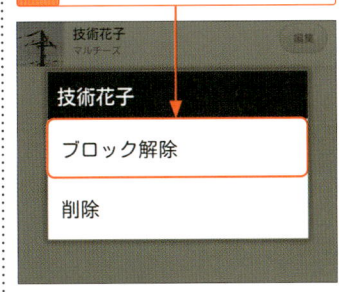

▶Hint

ブロックを解除したことは相手に通知される？

ブロックしたことは相手に通知されないのと同様に、ブロックを解除しても相手に通知されることはありません。なお、ブロックしている間に相手から送信されたメッセージや着信履歴などは、ブロックを解除しても確認できません。

Section 11 友だちを管理しよう

第2章 >> 友だちを追加しよう

Sec.02、09で友だちの自動追加を設定していたけど、これ以上友だちを自動で追加したくないときは、設定をオフにしましょう。電話帳での自動追加を防ぐ設定方法もあります。

① 電話帳からの自動追加をオフにする

1 <その他>をタップして、

2 <設定>をタップし、

3 <友だち>(iPhoneの場合は<友だち>→<アドレス帳>)をタップして、

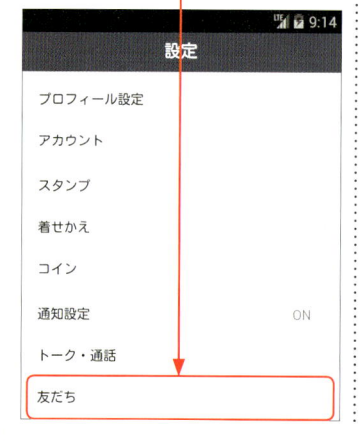

4 「友だち自動追加」のチェックボックスにチェックが付いていたら、タップしてチェックを外します(iPhoneでは ◯ をタップしてオフにします)。

▶Memo

登録した友だちを削除する

LINEに登録した友だちを削除するには、一度ブロックしてから行います。P.41手順 **1**〜**5** を参考にして「ブロックリスト」画面を表示し、削除したいアカウントの右にある<編集>→<削除>をタップすると、友だちがLINEから削除されます。

②「友だちへの追加を許可」をオフにする

「友だち自動追加」を有効にしている相手のアカウントの電話帳に、あなたの電話番号が掲載されている場合、あなたが相手を登録していなくても、相手があなたを友だちに登録している可能性があります。自分を自動的に友だち登録されたくない場合は、以下のように設定を変更しましょう。

1 ＜その他＞をタップして、

2 ＜設定＞をタップし、

3 ＜友だち＞（iPhoneの場合は＜友だち＞→＜アドレス帳＞）をタップし、

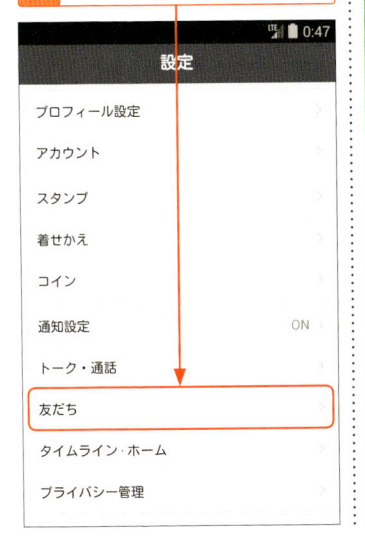

4「友だちへの追加を許可」が有効になっていたらチェックボックスをタップして、チェックを外します（iPhoneでは をタップして にします）。

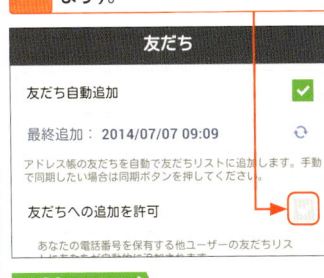

▶Memo

不特定の相手に友だちに追加されないようにする

あなたが相手に友だち登録される方法としては、主に以下の2つがあります。

・相手があなたの電話番号を電話帳に登録している
→上記の手順を参考にして「友だちへの追加を許可」の設定をオフにしましょう。

・ID検索で登録する
→IDを検索されないための設定はP.33のMemoを参照。

Section 12 — 第2章 友だちを追加しよう

友だちリストを使いやすくしよう

友だちの数が増えてくると、友だちリストを上手に管理することが必要になります。ここでは友だちの名前を変更したり、お気に入りに追加したりする方法を紹介します。

❶ 友だちの名前を変える

1 <友だち>をタップして、

2 名前を変えたい友だちをタップします。

3 をタップします。

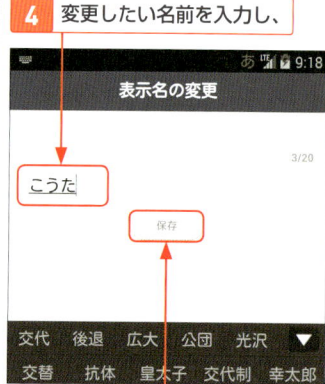

4 変更したい名前を入力し、

5 <保存>をタップします。

6 表示名が変更されました。

❷ 友だちをお気に入りに追加する

1 「友だち」からお気に入りに追加したい友だちをタップします。

2 ★ をタップします。

3 「お気に入り」の項目が追加され、リストの上に表示されます。

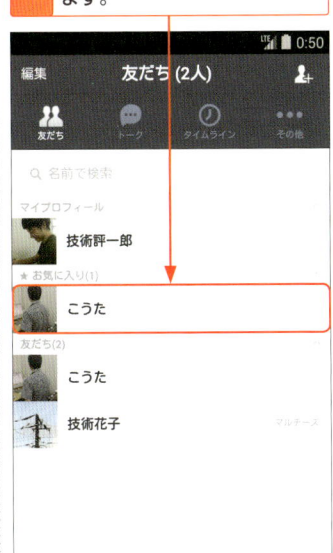

▶Hint

ホーム画面を表示する

手順**2**の際、＜ホーム＞をタップすると、その友だちのホーム画面を閲覧できます。

▶Memo

お気に入りを解除する

お気に入りを解除するには、もう一度★のアイコンをタップします。

タップする

❸ 友だちを非表示にする

1 <友だち>をタップして、

2 <編集>をタップし、

3 非表示にしたい友だちをタップします。

4 <非表示>→<確認>(iPhoneの場合は<OK>)をタップします。

5 友だちリストに表示されなくなりました。

6 再度表示するには、<その他>→<設定>→<友だち>から<非表示リスト>をタップします。

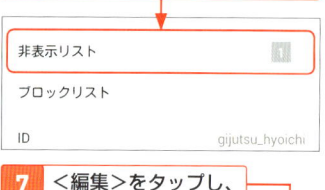

7 <編集>をタップし、

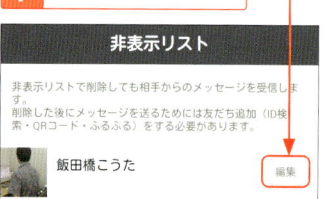

8 <再表示>をタップすると、友だちリストに表示されます。

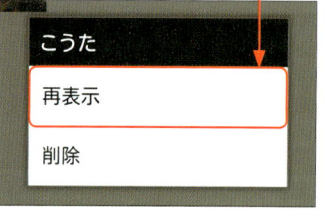

▶ Memo

友だちを非表示にする

普段交流しない人や、見たいときにだけ見る企業の公式アカウントなどは非表示にしておいて、必要なときだけ表示するようにすると友だちリストがすっきりします。

LINE編

第3章

トークや通話を楽しもう

Section 13	友だちとトークをはじめよう
Section 14	受け取ったメッセージを確認しよう
Section 15	トークルームを設定しよう
Section 16	スタンプを使おう
Section 17	いろいろなスタンプをダウンロードしよう
Section 18	スタンプをプレゼントしよう
Section 19	トークで絵文字や写真を送ろう
Section 20	動画を撮影して送信しよう
Section 21	複数の友だちでトークを楽しもう
Section 22	メッセージで友だちを紹介しよう
Section 23	友だちと無料通話をはじめよう
Section 24	友だちからの無料通話に応答しよう
Section 25	固定電話や携帯電話に通話しよう
Section 26	公式アカウントを活用しよう

Section 13 友だちとトークをはじめよう

第3章 >> トークや通話を楽しもう

LINEでは無料通話のほかに、友だち同士で「トーク」と呼ばれるメッセージのやりとりができます。リアルタイムでメッセージが受け取れるので、チャットのように楽しめます。

❶ 友だちとトークをはじめる

1 <友だち>をタップして、

2 トークしたい友だちをタップし、

3 <トーク>をタップすると、

4 トークルームが作成され、メッセージのやりとりができるようになります。

❷ 友だちにメッセージを送る

1 P.48手順4の画面でメッセージの入力欄をタップし、メッセージの内容を入力して、

2 ＜送信＞をタップすると、

3 メッセージがトークルームに表示され、相手に送信されます。

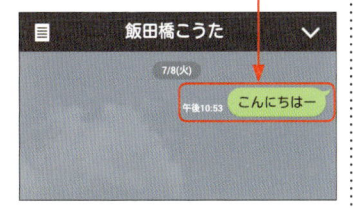

▶Memo

トークルームとは

一度トークを行うと、トークした友だちとのトークルームが作成されます。次回以降トークを行うには、P.48手順1の画面で＜トーク＞をタップし、トークしたい友だちのいるトークルームをタップします。

タップする

▶StepUp

メッセージを編集する

トーク画面で任意のメッセージを長押しすると、＜コピー＞＜メッセージを削除＞＜転送＞などの項目が表示されます。これらをタップすると、メッセージのコピーや削除ができるようになります。詳細な方法は、Sec.41を参照してください。

▶Memo

スタンプサジェスト機能を活用する

「こんにちは」や「たのしい」などのワードを入力すると、対応したスタンプや絵文字が表示されます。表示されたスタンプをタップしてもスタンプを送信できるので、試してみましょう。

Section 14 受け取ったメッセージを確認しよう

第3章 >> トークや通話を楽しもう

LINEを閉じている状態でも友だちからメッセージを受信すると、通知が表示されます。そのため、メッセージを受信したその場でメッセージに返信できます。

❶ 受信したメッセージを確認する

1. メッセージを受信すると通知が表示されます。＜トーク＞をタップし、

2. 通知の表示されたトークルームをタップすると、

3. トークルームとメッセージの内容が表示されます。

4. 入力欄にメッセージの内容を入力し、

5. ＜送信＞をタップすると、

6. メッセージが送信されます。

▶Memo

相手がメッセージを確認すると

相手が手順6の画面を表示すると、メッセージに「既読」と表示され、相手がメッセージを読んだことが確認できます。

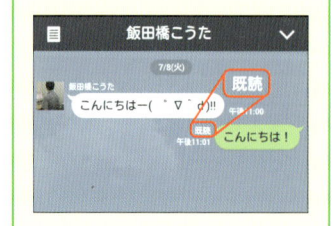

❷ LINEを起動していない状態で受信する(Androidスマホ)

1 LINEを起動していない状態でメッセージを受信すると通知が表示されます。＜表示＞をタップすると、

2 トークルームとメッセージの内容が表示されます。

❸ LINEを起動していない状態で受信する(iPhone)

1 ステータスバーを下方向にドラッグして、

2 メッセージの通知をタップすると、

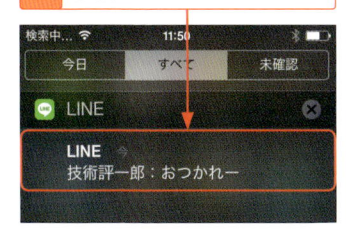

3 トークルームとメッセージの内容が表示されます。

Section 15

第3章 >> トークや通話を楽しもう

トークルームを設定しよう

LINEから提供されている背景デザインや、デバイス内の画像を利用すると、トークルームの背景を変更できます。また、トークルームごとに背景を変更することもできます。

① トークルームの背景デザインを変更する

1 <その他>をタップして、

2 <設定>をタップし、

3 <トーク・通話>をタップします。

4 <背景デザイン>をタップし、

5 <デザインの選択>をタップします。

<ライブラリから選択>をタップすると、端末に保存されている画像を利用できます。

6 画面を上下にドラッグして目的の背景デザインを探し、

7 トークルームに設定したい背景デザインをタップします。

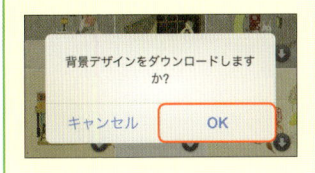

8 タップした背景デザイン内に✓が表示されたら、

9 ＜選択＞（iPhoneでは＜閉じる＞）をタップします。

10 トークルームを表示すると、背景デザインが変更できたことが確認できます。

> **▶Memo**
>
> ### iPhoneの場合はダウンロードの確認を行う
>
> iPhoneでは手順 **7** のあと、背景デザインのダウンロードを確認する画面が表示されます。ダウンロードする場合は、＜OK＞をタップします。

第 **3** 章 トークや通話を楽しもう

LINE

53

❷ トークルームごとに背景デザインを変更する

1 <友だち>をタップし、

2 背景デザインを変更したい友だちをタップして、

3 <トーク>をタップします。

4 トークルームの右上の✓をタップし、

5 <トーク設定>をタップします。

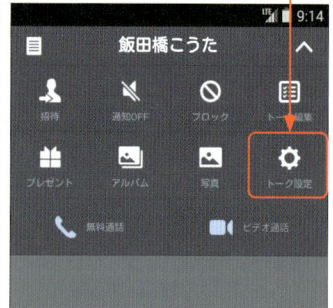

6 <背景デザイン>をタップし、

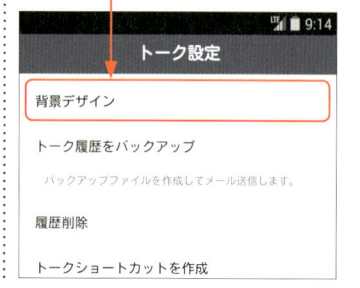

7 ＜デザインの選択＞をタップして、

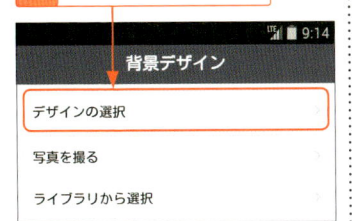

背景デザイン

- デザインの選択
- 写真を撮る
- ライブラリから選択

8 P.53手順 6 ～ 7 を参考に設定したい背景デザインを選択し、

9 ＜選択＞（iPhoneでは＜閉じる＞）をタップします。

デザインの選択　選択

10 ∧ をタップすると、

飯田橋こうた

- 招待
- 通知OFF
- ブロック
- トーク編集
- プレゼント
- アルバム
- 写真
- トーク設定
- 無料通話
- ビデオ通話

11 背景デザインが変更できたことが確認できます。

飯田橋こうた

▶Memo

すでに作成したトークルームにも設定可能

すでに作成したトークルームの背景デザインも変更できます。LINEのメイン画面で＜トーク＞をタップし、背景デザインを変更したいトークルームをタップします。その後は、P.54手順 4 以降を参考にして、背景デザインを変更します。これは、グループ（Sec.27参照）のトークルームを変更したいときにも活用できます。

LINE

第 3 章　トークや通話を楽しもう

Section 16 スタンプを使おう

第3章 ≫ トークや通話を楽しもう

LINEでは絵文字や顔文字以外にも、スタンプというLINE独自の機能が利用できます。スタンプは有料のものもありますが、まずは無料のスタンプをダウンロードしてトークに使ってみましょう。

① スタンプをダウンロードする

1 <その他>をタップし、

2 <設定>をタップし、

3 <スタンプ>をタップして、

4 <マイスタンプ>をタップします。

5 「マイスタンプ」画面が表示されます。

6 利用したいスタンプをタップし、

7 <ダウンロード>をタップします。

8 ダウンロードが完了すると、「ダウンロード完了」画面が表示されます。

9 <確認>をタップします。

10 「ダウンロード済み」と表示されていれば、スタンプが利用できます。

どのようなスタンプが利用できるようになるか表示されます。画面を上方向にドラッグするとスタンプの続きが表示されます。

▶Memo

スタンプはダウンロードして利用する

初期状態では、スタンプは「未ダウンロード」になっています。そのため、ここで紹介した方法でスタンプをダウンロードしないと、トークで利用できません。また、そのほかのさまざまなスタンプをダウンロードする方法は、Sec.17を参照してください。

❷ スタンプを利用する

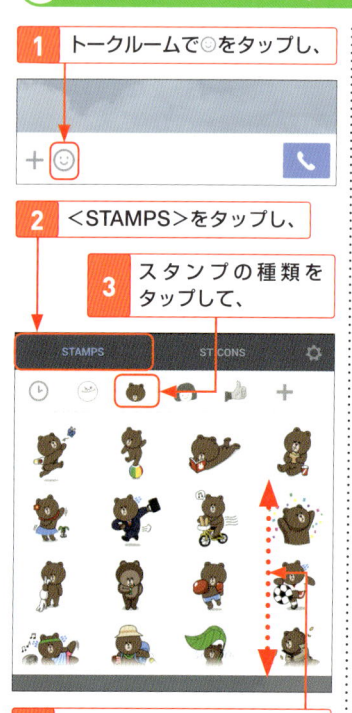

1 トークルームで☺をタップし、

2 ＜STAMPS＞をタップし、

3 スタンプの種類をタップして、

4 スタンプ一覧を上下（iPhoneでは左右）方向にドラッグして利用したいスタンプを探し、

5 目的のスタンプをタップします。

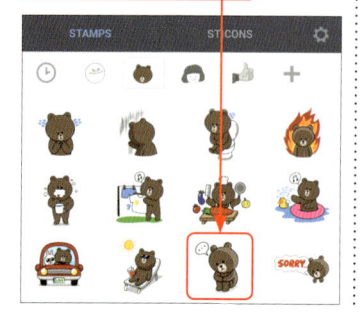

6 スタンプのプレビューが表示されるので、これでよい場合は再度タップすると、

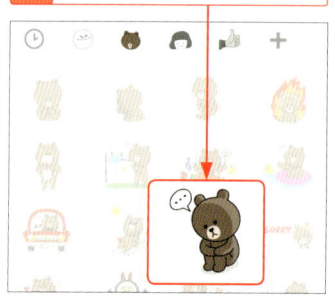

7 スタンプが送信されます。

▶Memo

スタンプのプレビュー機能

スタンプを送信する際に、送信ミスが発生しないように、プレビューが表示されます。プレビューを無効にするには、＜その他＞→＜設定＞→＜スタンプ＞の順にタップして、＜スタンププレビュー＞の機能をオフにしましょう。

③ スタンプの使用履歴を利用する

1 トークルームで☺をタップし、

2 <STAMPS>をタップして、

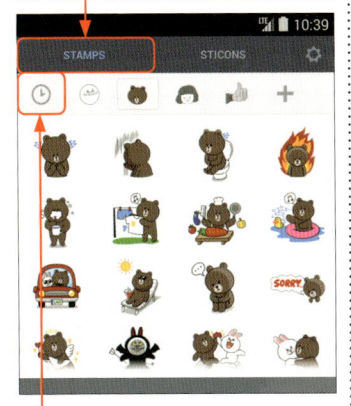

3 ⓘをタップします。

4 スタンプの使用履歴が表示されます。

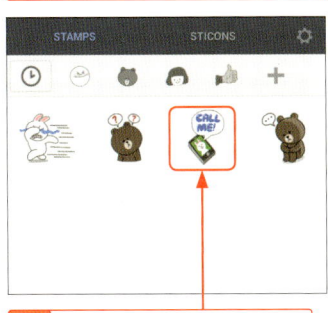

5 目的のスタンプをタップし、

6 スタンプのプレビューが表示されたら、タップします。

7 スタンプが送信されます。

▶ Memo

iPhoneで使用履歴のアイコンを表示するには

iPhoneでは手順**2**のあと、スタンプ一覧の部分を右方向にドラッグすると、使用履歴のアイコン◎が表示されます。

ドラッグする

第3章 >> トークや通話を楽しもう

Section 17 いろいろなスタンプをダウンロードしよう

スタンプには、無料でダウンロードできるもののほか、条件を満たすと手に入るEVENTスタンプ、有料で購入できるスタンプなどがあります。さまざまなスタンプが用意されているので、好みのものを探してみましょう。

❶ スタンプを探す

1 <その他>をタップし、

2 <スタンプショップ>をタップします。

3 <TOP>では、人気のスタンプが並んでいます。<NEW>をタップします。

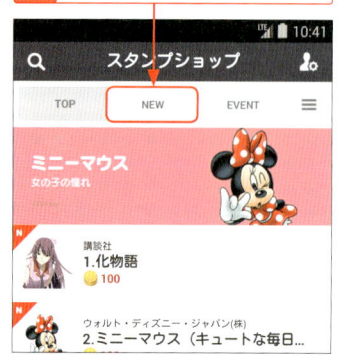

4 新着順にスタンプが表示されます。<EVENT>をタップすると、

5 条件を満たすと手に入るスタンプが表示されます。

❷ EVENTスタンプをダウンロードする

1 P.60手順5の画面で、入手したいスタンプをタップします。

2 スタンプの条件を確認し（このスタンプの場合、公式アカウントの友だち追加が条件）、＜友だち追加＞をタップします。

3 ＜追加＞をタップし、

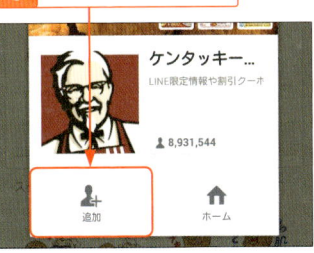

4 ＜ダウンロード＞をタップします。

5 ダウンロードが完了するので、＜確認＞をタップします。

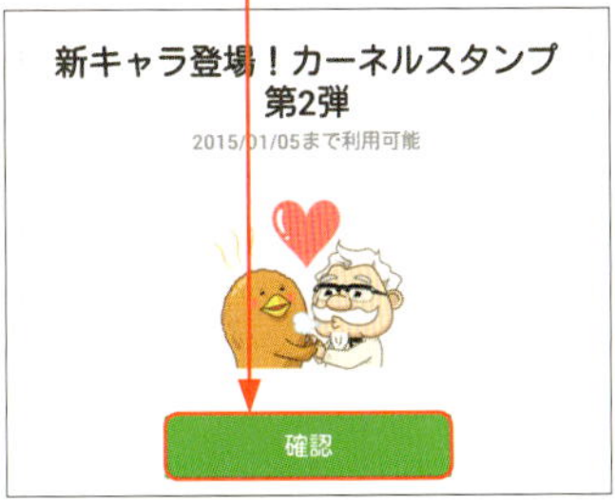

▶ Memo

無料スタンプのダウンロード方法

無料スタンプの場合は、手順1のあと、「スタンプ情報」画面で＜ダウンロード＞をタップします。

❸ コインをチャージする

有料スタンプを購入する前にコインをチャージする必要があります。

1 ＜その他＞をタップし、

2 ＜設定＞をタップして、

3 ＜コイン＞をタップします。

4 「コイン」画面が表示されます。

5 ＜チャージ＞をタップし、

6 金額をタップします。

7 ＜購入＞（iPhoneではApple IDを入力し、＜購入する＞をタップします)をタップします。

8 購入が完了し、コインがチャージできたことが確認できます。

▶Memo

支払い方法を設定する

手順 **7** で支払い方法が設定されていない場合は、＜次へ＞をタップすると、支払い方法を設定することができます。

④ 有料スタンプを購入する

1 <その他>をタップし、

2 <スタンプショップ>をタップして、

3 購入したいスタンプをタップし、

- LINE 1.ブラウン&コニー ドキドキデー... 🪙100
- (株)レベルファイブ 2.妖怪ウォッチ 日常編 🪙100
- LINE 3.ウキウキ♪LINEキャラクターズ 🪙100
- バンダイナムコゲームス 4.おじぱん2 サラリーマンはつら...

4 <購入する>をタップしたら、

スタンプ情報
LINE
ウキウキ♪LINEキャラクターズ
有効期間・期限なし
🪙100
保有コイン 100
[プレゼントする] [購入する]

5 <確認>(iPhoneでは、<OK>)をタップします。

ウキウキ♪LINEキャラクターズ(100コイン)を購入しますか?
[キャンセル] [確認]

6 購入とダウンロードが完了するので、<確認>をタップします。

ダウンロード完了
ウキウキ♪LINEキャラクターズ
有効期間・期限なし
[確認]

メールアドレスを登録しておくと電話番号や機種を変更しても、スタンプの購入情報などを引き継げます。

メールアドレス登録

Section 18 スタンプをプレゼントしよう

第3章 >> トークや通話を楽しもう

日頃LINEでやりとりしている友だちに、ささやかなプレゼントとしてスタンプを贈りましょう。有料スタンプの場合、iPhoneでは一度「LINE STORE」にアクセスする必要があります。

① スタンプを友だちにプレゼントする

1 <その他>をタップし、

2 <スタンプショップ>をタップします。

3 プレゼントしたいスタンプをタップし、

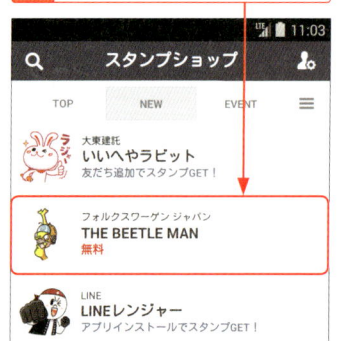

4 <プレゼントする>をタップします。

5 スタンプをプレゼントしたい友だちをタップしてチェックを付け、

6 <選択>をタップします。

LINE

7	相手に送るテンプレートをタップし、

9	<確認>をタップすると、

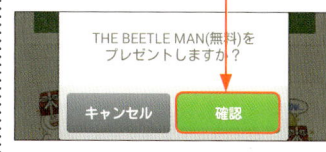

8	<プレゼントする>をタップして、

10	トークルームが表示され、テンプレートとプレゼントを贈ったメッセージが表示されます。

▶Memo

iPhoneでスタンプをプレゼントする

iPhoneでスタンプをプレゼントするには、Safariを起動し「LINE STORE」（http://store.line.me）からスタンプをプレゼントします。

▶Memo

プレゼントを受け取ったら

友だちから贈られたプレゼントは、トークルームに表示されます。「プレゼントが届きました」というメッセージ内の<受けとる>→<ダウンロード>をタップすると、スタンプがダウンロードできます。もし、トークルームを削除してしまっても、<その他>→<設定>→<スタンプ>→<プレゼントボックス>をタップし、もらったスタンプの名前をタップすることで、そのスタンプをダウンロードできます。

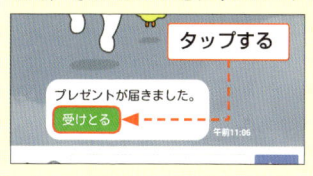

第3章 トークや通話を楽しもう

Section 19 トークで絵文字や写真を送ろう

第3章 >> トークや通話を楽しもう

LINEではトーク中に絵文字や顔文字を利用できます。スタンプとは違い、インストールなどの必要はありません。テキストだけではなく、絵文字、顔文字を使いこなしてトークを盛り上げましょう。

❶ 絵文字を送信する

1. トークルームでメッセージの入力中に☺をタップし、

2. <STICONS>(iPhoneでは☺)をタップして、

3. 利用したい絵文字をタップし、

4. <送信>をタップすると、

5. 絵文字が送信できます。

❷ 写真を送信する

1 トークルームで＋をタップし、

2 ＜写真を選択＞をタップして、

3 フォルダをタップして選択し、

4 送信したい写真をタップしたあと、

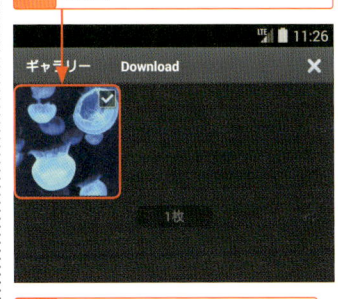

5 適用したい効果をタップし、

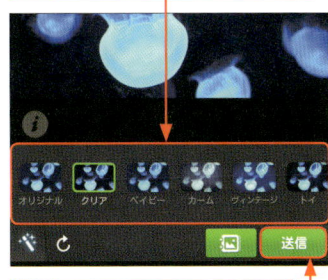

6 ＜送信＞をタップすると、

7 写真の送信が始まり、しばらく経つと送信が完了します。

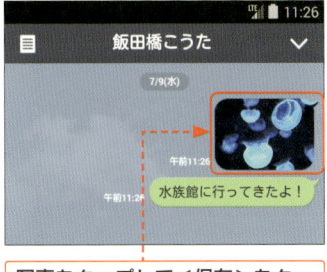

写真をタップして＜保存＞をタップすると、写真を保存することができます。

Section 20 動画を撮影して送信しよう

第3章 >> トークや通話を楽しもう

LINEの起動中に動画を撮影して、トークで送信してみましょう。なお、送信できる動画の撮影時間は90秒以内なので、そのことを念頭に置いて動画を撮影しましょう。

① 動画を撮影して送信する

1. トークルームで+をタップし、

2. <動画を撮る>をタップして、

3. <確認>をタップします。

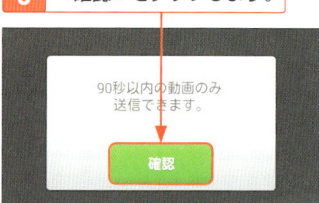

   90秒以内の動画のみ送信できます。

4. カメラアプリが起動します。

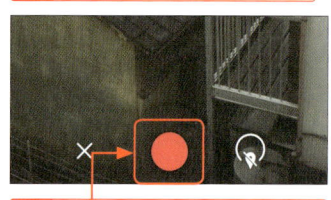

5. 動画の撮影を開始(ここでは●をタップ)し、

▶Memo

iPhoneで動画を撮影する場合

iPhoneで動画を撮影する場合は、トークルームで+→<写真/動画を撮る>をタップし、画面を右方向にドラッグして動画撮影に切り替えます。動画撮影後は<ビデオを使用>をタップすると、撮影した動画を送信できます。

6 動画の撮影を完了（ここでは ■ をタップ）し、

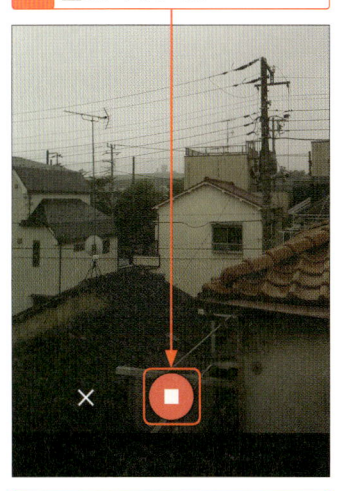

カメラアプリによっては、撮影が完了しただけで、手順 8 の画面が表示されます。

7 確認画面が表示されたら、確定のアイコン（ここでは ✓）をタップして、

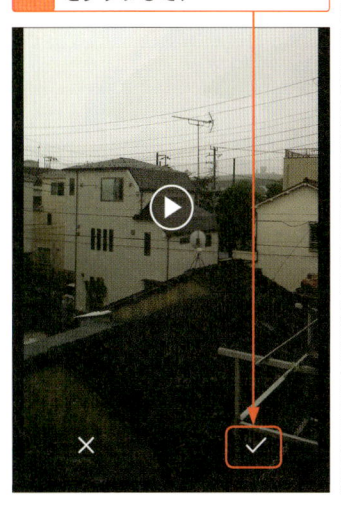

8 このような画面が表示された場合は＜確認＞をタップすると、

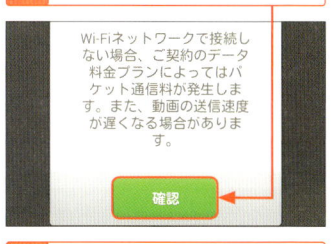

> Wi-Fiネットワークで接続しない場合、ご契約のデータ料金プランによってはパケット通信料が発生します。また、動画の送信速度が遅くなる場合があります。
>
> 確認

9 動画の送信が始まり、しばらく経つと動画の送信が完了します。

▶Memo

動画を保存する

トークルーム内の友だちから送信された動画をタップすると、動画が再生されます。＜保存＞（iPhoneでは画面をタップして＜完了＞をタップすると＜保存＞が表示されます）をタップすると動画が保存できます。

タップする

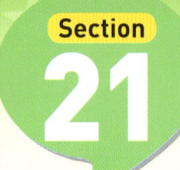

Section 21 複数の友だちでトークを楽しもう

第3章 >> トークや通話を楽しもう

複数の友だちとトークするには、トークルームの利用中に友だちを招待して新しいトークルームを作成する方法と、新しくトークルームを作成して複数の友だちを招待する方法があります。

① 友だちをトークルームに招待する

1 トークルームで画面右上の∨をタップし、

2 <招待>をタップします。

3 友だちが一覧表示されます。

4 紹介したい友だちをタップし、

5 <トーク>（iPhoneでは<選択>）をタップすると、

6 手順1のトークルームにいた友だちと、手順4でチェックを付けた友だちが利用できるトークルームが作成されました。

複数人でのトークができるようになります。

```
技術花子,飯田橋こうた(3)     ∨
                  7/12(土)
          午後3:59
技術評一郎が技術花子,飯田橋こうたを招待しました。
                           既読 2   どうもー
                           午後3:59
技術花子
  どうも！ 午後3:59
飯田橋こうた
  どもー 午後4:00
```

7 トークルームから退出すると、

8 新しくトークルームが作成されたことが確認できます。

```
編集        トーク         ●●●
 友だち    トーク   タイムライン   その他

技術花子,飯田橋こうた ●

飯田橋こうた                 午後3:58
いいよー。

TSUTAYA
もらったメッセージには、自動返
信で応答していきます。色々と楽
```

② トークルームを作成して友だちを招待する

1 <トーク>をタップし、

```
         その他
 友だち    トーク   タイムライン   その他

 友だち追加    設定     プロフィール
```

2 画面右上の●をタップします。

```
編集        トーク          ●●●
 友だち    トーク   タイムライン   その他

飯田橋こうた                 午後3:58
いいよー。

TSUTAYA
もらったメッセージには、自動返
信で応答していきます。色々と楽
```

3 招待したい友だちをタップしてチェックを付け、

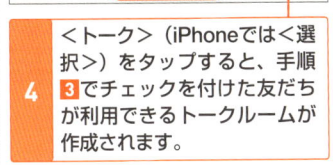

```
         友だちを選択
Q 名前で検索
友だち(3)
○   TSUTAYA   ● TSUTAYA
✓       技術花子
✓       飯田橋こうた

         トーク(2)
```

4 <トーク>（iPhoneでは<選択>）をタップすると、手順 **3** でチェックを付けた友だちが利用できるトークルームが作成されます。

Section 22 メッセージで友だちを紹介しよう

第3章 >> トークや通話を楽しもう

友だちに別の友だちのアカウントを紹介して、交流を増やしていきましょう。企業や著名人などの公式アカウント（Sec.26参照）を友だちに紹介することもできます。

❶ 友だちを紹介する

1 トークルームで＋をタップし、

2 ＜連絡先＞をタップします。

3 招待したい友だちをタップしてチェックを付け、

4 ＜選択＞をタップします。

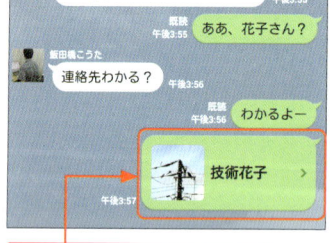

5 連絡先が送信されます。

▶Memo

連絡先を保存する

送信された連絡先をタップし、＜追加＞をタップすると自分の友だちに加えることができます。

❷ 企業アカウントをおすすめする

1 Sec.26を参考に公式アカウントを友だちにしたあと、<友だち>をタップして、

2 紹介したい公式アカウントをタップし、

3 <おすすめ>をタップします。

4 紹介したい友だちをタップして、

5 <確認>(iPhoneでは<OK>)をタップすると、

6 公式アカウントを紹介できます。

Section 23

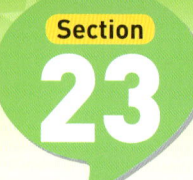

第3章 ≫ トークや通話を楽しもう

友だちと無料通話をはじめよう

LINEの音声通話機能は、24時間いつでも無料で利用できます（パケット使い放題プラン加入の場合）。友だち同士であれば、電話番号を知らなくても通話できます。

① 通話を発信する

1 ＜友だち＞をタップし、

2 通話したい友だちをタップします。

3 ＜無料通話＞をタップすると、

4 相手を呼び出します。

相手が呼び出しに応じるまで待ちます。

5 相手が応答すると、通話時間が表示されて通話が開始します。

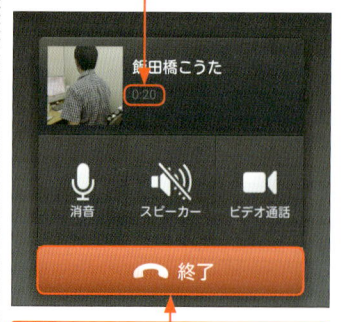

6 ＜終了＞をタップすると通話が終了します。

② ビデオ通話を発信する

1 ビデオ通話をしたい相手をタップして、

2 ＜ビデオ通話＞をタップすると、

3 ビデオ通話で相手を呼び出します。

4 相手がビデオ通話に応じると、画面に相手の顔が表示されます。＜終了＞をタップするとビデオ通話が終了します。

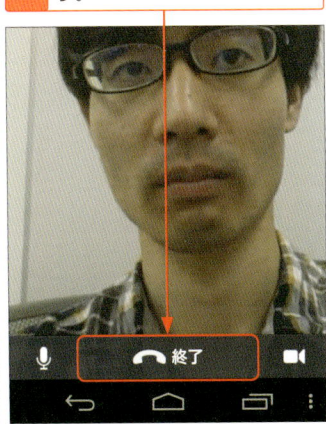

■をタップすると、自分のカメラをオフにすることができます。

▶Memo

通話時間を確認する

友だちと通話を行うと、トークルームに通話履歴が表示されます。通話履歴には、通話時間が表示されているので、通話時間を知りたい場合に確認しましょう。

Section 24　第3章 ≫ トークや通話を楽しもう

友だちからの無料通話に応答しよう

友だちから無料通話の着信があったら、応答して通話を楽しみましょう。また、不在着信の確認方法も覚えて、必要に応じて折り返し通話を発信しましょう。

① 無料通話の着信に応答する

1 着信画面が表示されたら＜応答＞をタップすると、

2 通話が開始します。＜終了＞をタップすると、

3 通話が終了します。

▶Memo

スリープ時に着信があった場合

iPhoneの場合、スリープ時に着信すると下記のような画面が表示されます。着信中に通知を右方向にドラッグすると、その場で着信に応答できます。

ドラッグする

❷ 不在着信を確認する

1	不在着信があると通知が表示されます。＜トーク＞をタップし、

2	不在着信のあるトークルームをタップすると、

3	不在着信を確認できます。友だちのアイコンか＜不在着信＞をタップして、

4	＜無料通話＞をタップすると、折り返しの無料通話を発信できます。

▶Memo

ステータスバーから不在着信を確認する

無料通話の不在着信があると、ステータスバーに不在着信の通知が表示されます。ステータスバーを下方向にドラッグし、不在着信の通知をタップすると、手順 3 の画面が表示されます。

1	ステータスバーを下方向にドラッグして、

2	不在着信の通知をタップします。

Section 25 固定電話や携帯電話に通話しよう

第3章 ▶▶ トークや通話を楽しもう

LINEを使っていない人や固定電話の相手にLINEから電話を発信したい場合は、「LINE電話」を利用しましょう。ここでは、LINE電話の利用方法について解説します。

① LINE電話とは

LINE電話とは、一般の携帯電話や固定電話と通話できるサービスです。利用するにはまず「その他」画面で＜設定＞→＜LINE電話設定＞をタップし、コールクレジットを購入する必要があります。基本料や初期費用は不要で、一般的な携帯電話の通話料と比較しても格安です。携帯電話の場合は14円／分、固定電話の場合は3円／分の通話料がかかります。

LINEは従来、友だちに登録した人物としか通話を行えませんでした。しかし、LINE電話を利用すれば、有料となりますが、どんな相手とも格安料金で通話できるようになります。ビジネスやプライベートのさまざまなシーンで活用することができるでしょう。なお、アカウント登録をFacebookアカウントのみで認証した場合は、LINE電話は使用できません。

LINE電話を利用すれば、LINEユーザーでない相手とも格安で通話を行えるようになります。

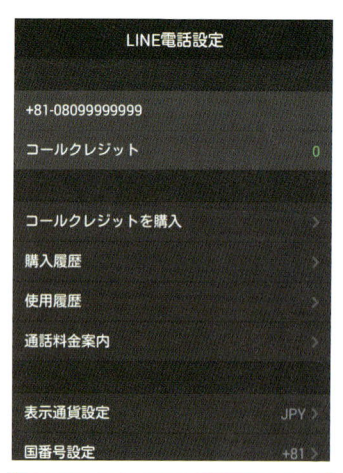

「その他」画面で＜設定＞→＜LINE電話設定＞をタップし、コールクレジットを購入します。

❷ LINE電話を利用する

1 「その他」画面で＜LINE電話＞をタップし、

利用規約が表示されたら、同意にチェックを付けて、＜利用開始＞をタップします。

2 相手の電話番号を入力して、

3 ＜発信＞をタップすると、

4 通話が発信されます。

5 相手が応答すると、通話が開始されます。

6 ＜終了＞をタップすると、通話が終了されます。

▶Hint

そのほかの操作方法

LINE電話で画面上部のタブからさまざまな操作を行えます。＜キーパッド＞は電話番号の入力時に使用するほか、＜履歴＞では不在着信の相手などを確認できます。＜連絡先＞では通話相手を登録することができ、＜お店＞では周辺にある飲食店などに無料で最大10分間電話することができます。＜設定＞（iPhoneでは⚙）をタップするとコールクレジットを購入することができます。

第3章 >> トークや通話を楽しもう

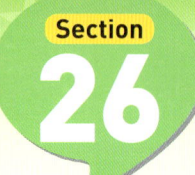

Section 26 公式アカウントを活用しよう

LINEには、企業や著名人などが開設した公式アカウントが登録されています。公式アカウントを友だちに追加すると、クーポンやセールといったお得なお知らせを配信してくれます。

① 公式アカウントを追加する

1 <その他>をタップし、

2 <公式アカウント>をタップします。

3 追加したいアカウントをタップし、

4 <追加>をタップすると、公式アカウントを友だちに追加できます。

5 <トーク>をタップして、

6 追加した公式アカウントのトークルームをタップすると、メッセージ内容が確認できます。

LINE編

第4章

グループを活用しよう

Section 27	グループを作成しよう
Section 28	グループトークを楽しもう
Section 29	グループ名を修正しよう
Section 30	グループ専用のアイコンを設定しよう
Section 31	グループノートを使ってみよう
Section 32	グループノートの投稿に反応しよう
Section 33	グループを退会しよう

第4章 ≫ グループを活用しよう

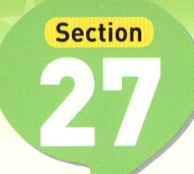

Section 27 グループを作成しよう

LINEでは職場やクラス、仲のよい友だちだけのグループを作成し、秘密の会話や連絡掲示板などとして利用できます。グループを作って、情報交換を楽しんでみましょう。

① グループを作成する

1 <その他>をタップし、

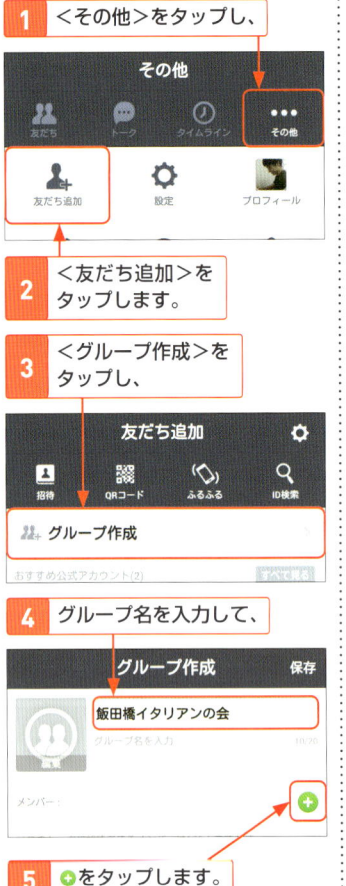

2 <友だち追加>をタップします。

3 <グループ作成>をタップし、

4 グループ名を入力して、

5 ●をタップします。

6 招待したい友だちをタップし、

7 <招待>(iPhoneでは<選択>)をタップして、

8 <保存>をタップすると、グループが作成されます。

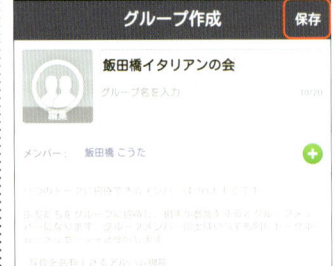

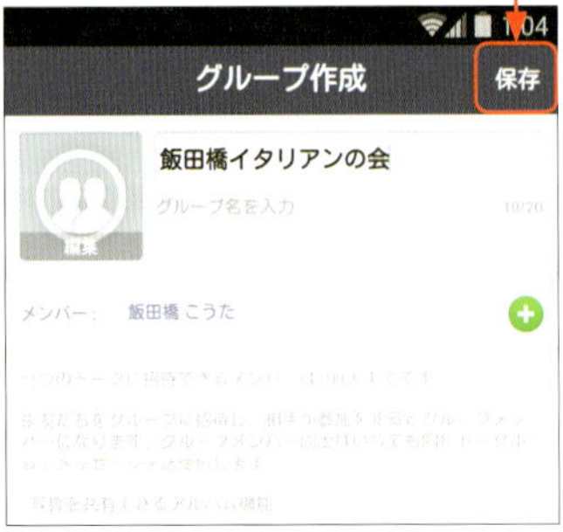

9 作成したグループをタップすると、

10 招待した友だちのグループ参加状況を確認できます。

▶Memo

招待した友だちがグループに参加すると

グループ作成後、招待した友だちがグループに参加すると（P.84参照）、ステータスバーに通知されます。ステータスバーを下方向にドラッグし、通知をタップすると、グループに参加した友だちが確認できます。

1 ステータスバーを下方向にドラッグし、通知をタップすると、

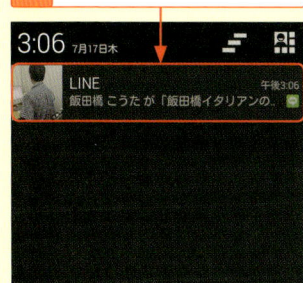

2 グループに参加した友だちが確認できます。

❷ 招待されたグループに参加する

1 ＜友だち＞をタップし、

2 「招待されているグループ」内のグループをタップし、

3 ＜参加＞をタップして、

4 ＜確認＞（iPhoneでは＜OK＞）をタップします。

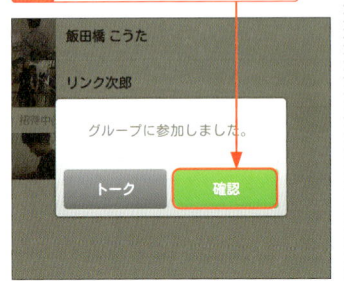

「グループ」内に参加したグループが表示されます。

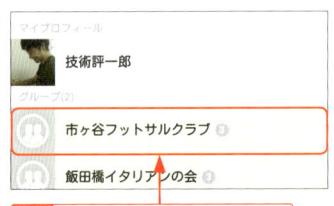

5 グループをタップすると、

6 グループ内のメンバーが表示されます。

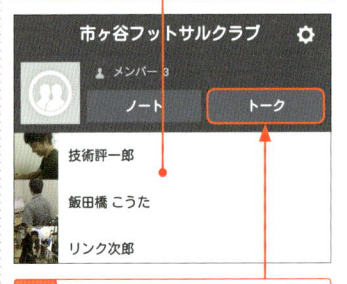

7 ＜トーク＞をタップすると、トークルームが表示されます。

▶ Memo

ステータスバーからグループに参加する

グループに招待されると、ステータスバーに通知が表示されます。ステータスバーを下方向にドラッグし、招待の通知をタップすると、手順**3**の画面が表示されます。その後は、手順**3**以降と同様の操作でグループに参加できます。

❸ 友だちをグループに追加する

1 <友だち>をタップし、

2 友だちを追加したいグループ名をタップします。

3 <＋ メンバーを招待>をタップし、

4 招待したい友だちをタップして、

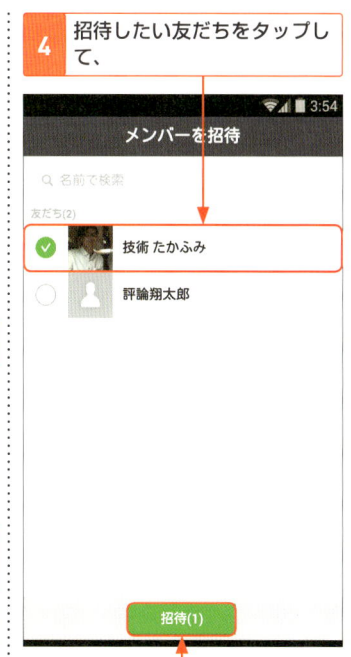

5 <招待>（iPhoneでは<選択>）をタップします。

6 <保存>をタップします。

第4章 >> グループを活用しよう

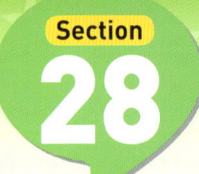

Section 28 グループトークを楽しもう

グループのメンバーと、グループトークで交流しましょう。スタンプを使ったり、写真や動画などのやりとりもできるので、実際に会って話すのとは違った楽しみがあります。

① グループトークを始める

1 <友だち>をタップし、

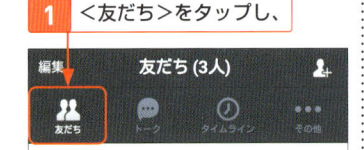

2 トークをしたいグループをタップします。

3 <トーク>をタップすると、

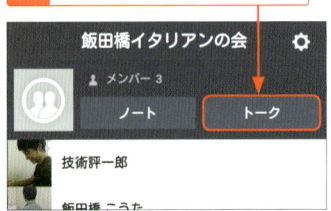

4 グループ用のトークルームが作成され、グループトークができるようになりました。

▶Memo

グループトークの利用方法

グループトークの利用方法は、通常のトークと変わりません。そのため、テキストやスタンプ、写真など、通常のトークで利用していた機能はほぼ利用できます。ただし、無料通話は複数人の利用に対応していません。

Section 29

グループ名を修正しよう

第4章 >> グループを活用しよう

グループ名を間違えて設定してしまったときや、後から変更したいと思った場合は、グループ名を修正して対処しましょう。なお、グループの設定の変更は、グループメンバーなら誰でも可能です。

① グループ名を変更する

1. <友だち>をタップし、

2. 編集したいグループをタップして、

3. ⚙をタップし、

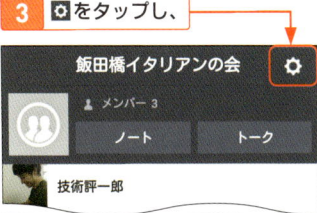

4. <編集>（iPhoneでは<グループを編集>）をタップします。

5. グループ名を変更し、

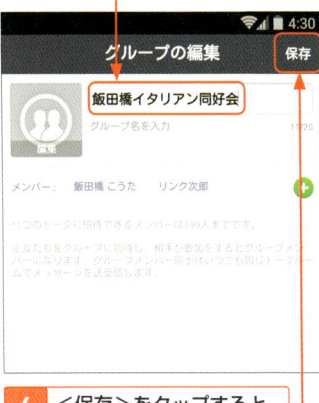

6. <保存>をタップすると、

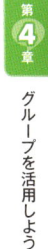

7. グループ名が変更できます。

第4章 ≫ グループを活用しよう

Section 30 グループ専用のアイコンを設定しよう

グループにアイコンを設定すれば、参加しているグループが多くても、ぱっと見てすぐに見分けられます。オリジナルの画像やロゴを設定して、グループを華やかに彩りましょう。

① グループのアイコンを設定する

1 ＜友だち＞をタップし、

2 アイコンを設定したいグループをタップします。

3 ⚙をタップして、

4 ＜編集＞（iPhoneでは＜グループを編集＞）をタップし、

5 📷をタップします。

6 ＜ライブラリから選択＞をタップして、

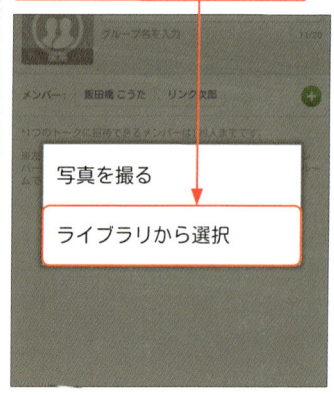

7 使用する写真の保存場所をタップし、

次から開く:
- 最近
- ドライブ linkupgalaxy@gmail.com
- **画像**
- ダウンロード
- 内部ストレージ 空き容量: 11.57GB
- ギャラリー
- 写真

8 アイコンに設定したい画像が入ったフォルダをタップし、

- スクリーンショット
- ドロップボックス
- NAVER_LINE

9 使いたい画像をタップして、選択します。

10 をドラッグしてサイズを調節し、

11 枠内をドラッグして位置を調節したら、

12 <選択>（iPhoneでは<確認>）をタップし、

13 適用したい効果をタップして、

オリジナル　クリア　ベイビー　カーム　ヴィンテージ　トイ

14 <送信>（iPhoneでは<確認>）をタップしたあと、

15 <保存>をタップします。

グループの編集　　保存

飯田橋イタリアン同好会
グループ名を入力　　11/20

メンバー: 飯田橋 こうた　リンク次郎

LINE

第4章 グループを活用しよう

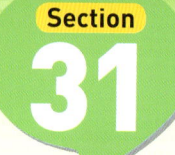

Section 31 グループノートを使ってみよう

第4章 >> グループを活用しよう

グループノートはトークと違い、投稿した画像や動画は保存して管理しやすいという利点があります。大切な情報や思い出の画像や動画の投稿に、グループノートを利用してみましょう。

① グループノートに投稿する

1 <友だち>をタップし、

2 グループをタップして、

3 <ノート>をタップします。

4 <投稿>をタップし、

5 投稿内容を入力し、

6 スタンプなどを追加したい場合は、該当するアイコンをタップします。ここでは例としてスタンプを追加します。スタンプを追加する際は😊をタップして、

▶Memo

グループノートの使い方

グループトークは会話が中心であるため、グループメンバー全員に知らせたい情報が読まれない可能性もあります。グループ内で共有しておきたい重要な情報や写真などは、グループノートに投稿しておきましょう。投稿ごとにコメントを付けてやりとりできるので、情報も整理しやすいという特徴もあります。

7 スタンプの種類をタップし、

8 追加したいスタンプをタップして、＜選択＞をタップすると、スタンプが追加できます。

9 ＜完了＞をタップすると、

10 グループノートへの投稿が完了します。

② グループノートの投稿を閲覧する

1 P.90手順4の画面を表示すると、投稿一覧が閲覧できます。

2 投稿をタップすると、投稿の詳細が閲覧できます。

▶Memo

グループトークからグループノートを閲覧する

グループノートの投稿は、グループトークにも表示されます。グループトーク内の該当するトークをタップすると、投稿の詳細が表示されます。

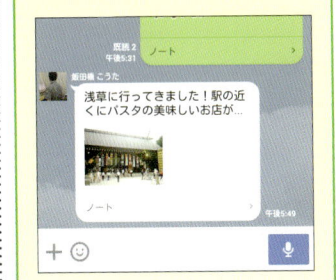

Section 32 グループノートの投稿に反応しよう

第4章 >> グループを活用しよう

グループノートの投稿に対して反応したい場合は、いいね!やコメントを付けてみましょう。また、自分の投稿にいいね!やコメントが付くと、「タイムライン」画面から確認できます。

① 投稿にいいね!を付ける

1 <友だち>をタップし、

2 グループをタップして、

3 <ノート>をタップします。

4 気に入った投稿の♡をタップすると、

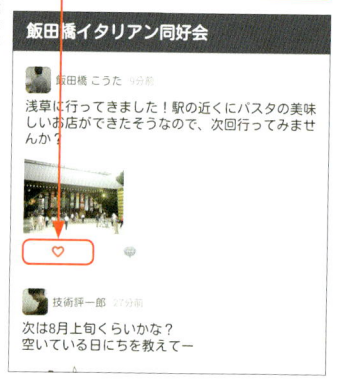

5 投稿に対して「いいね!」が追加されます。

❷ 投稿にコメントを付ける

1 P.92手順❹の画面を表示し、💬をタップして、

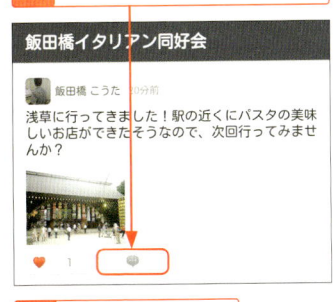

飯田橋イタリアン同好会

飯田橋 こうた 20分前
浅草に行ってきました！駅の近くにパスタの美味しいお店ができたそうなので、次回行ってみませんか？

♥ 1   💬

2 コメントを入力し、

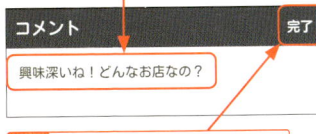

コメント　　　　　　　　　　　　　　完了

興味深いね！どんなお店なの？

3 ＜完了＞をタップすると、

4 投稿に対してコメントが追加されます。

飯田橋イタリアン同好会　＜　＞

飯田橋 こうた 22分前
浅草に行ってきました！駅の近くにパスタの美味しいお店ができたそうなので、次回行ってみませんか？

♥ 1 ＞

技術評一郎 ちょっと前
興味深いね！どんなお店なの？

▶Memo

トークルームから1タップでグループノートを確認する

グループのトークルームでは、画面の左上（iPhoneでは画面の右上）に☰が表示されています。☰をタップすると、そのグループのグループノートが表示されます。トーク中にイベントの待ち合わせ時間を確認するときなどに活用してみましょう。

1 トークルームで☰をタップすると、

☰ 飯田橋イタリアン同好会(3) ∨

次は8月上旬くらいかな？
空いている日にちを教えて...

2 グループノートの投稿が見られます。

飯田橋イタリアン同好会

リンク次郎 ちょっと前
僕も行ってみたいー

第4章 >> グループを活用しよう

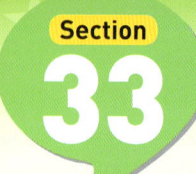

Section 33 グループを退会しよう

参加しているグループが増えてくると表示もゴチャゴチャし、対応も面倒です。不要なグループからは退会してしまうとよいでしょう。なお、退会した通知はメンバー全員に表示されます。

① グループを退会する

1 退会したいグループの⚙をタップし、

2 ＜退会＞（iPhoneでは＜グループを退会＞）をタップします。

3 ＜はい＞（iPhoneでは＜OK＞）をタップします。

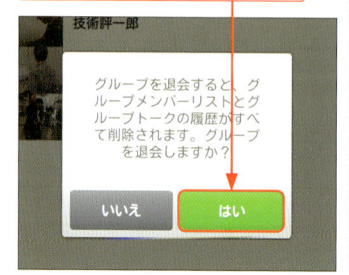

4 グループから退会できました。退会したグループの履歴はすべて削除されます。

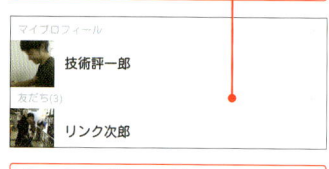

他の人のグループトークには、自分が退会した通知が表示されますが、トーク履歴は残ります。

▶Memo

グループ参加者を退会させる

グループ参加者を退会させるには、グループ画面で⚙→＜編集＞（iPhoneでは＜グループを編集＞）をタップします。グループ編集画面になったら、メンバー欄から退会させたいメンバーを長押しして、＜はい＞（iPhoneでは＜削除＞）→＜保存＞をタップします。誰が誰を退会させたかは、通知が表示されます。退会させられたメンバーには通知は届きません。

LINE編

第5章

LINEのQ&A

Section 34	電話番号を認証せずにLINEを使いたい!
Section 35	通知の設定を変更するには?
Section 36	着信音を変更したい!
Section 37	勝手に見られないようにパスコードをかけたい!
Section 38	機種変更のときに情報を引き継ぎたい!
Section 39	重要なトークの内容を保存したい!
Section 40	自分がブロックされているかどうか知りたい!
Section 41	トーク内容を部分的に削除したい!
Section 42	LINEのアカウントを削除したい!

Section 34 電話番号を認証せずに LINEを使いたい！

第5章 >> LINEのQ&A

Facebookアカウントがあれば、電話番号による認証をしなくてもLINEに登録できます。また、電話番号のない端末（タブレットやiPod touchなど）はこの方法でアカウントを作成します。

❶ Facebookアカウントでログインする

1 Sec.02を参考に、＜新規登録＞をタップして、

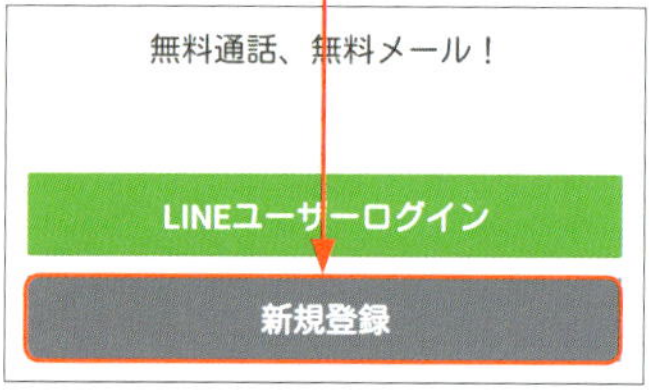

無料通話、無料メール！

LINEユーザーログイン

新規登録

2 ＜Facebookでログイン＞をタップします。

電話番号は本人確認や不正利用防止のために利用しますが、他のユーザーには公開されません。
LINEを利用するためには、電話番号またはSNSでの認証が必要です。

Facebookでログイン

3 ＜メールアドレス＞と＜パスワード＞を入力して、

facebook

linkup_20140718@yahoo.co.jp

••••••••••

ログイン

4 ＜ログイン＞をタップします。

5 Facebookの連携承認画面が表示されます。＜OK＞をタップします。

LINEは次の情報を受け取ります: 公開プロフィール、友達リスト、メールアドレス

これはLINEにFacebookでの投稿を許可するものではありません。公開プロフィールとはユーザーの氏名、プロフィール写真、その他の公開情報のことです。

キャンセル　OK

6 Facebookの投稿連携許可画面が表示されます。ここでは＜後で＞をタップします。

LINEがあなたの代わりにFacebookに投稿する許可を求めています。

後で　OK

7 利用規約が表示されるので、<同意>をタップします。

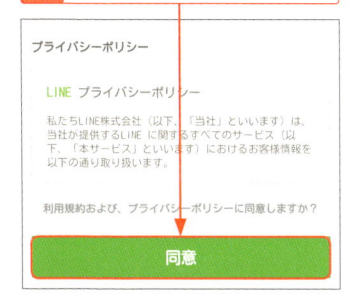

プライバシーポリシー

LINE プライバシーポリシー

私たちLINE株式会社（以下、「当社」といいます）は、当社が提供するLINEに関するすべてのサービス（以下、「本サービス」といいます）におけるお客様情報を以下の通り取り扱います。

利用規約および、プライバシーポリシーに同意しますか？

同意

8 名前や写真はFacebookで利用しているものが自動的に登録されます（変更することができます）。

利用登録

Zirou Gijutsu

友だちがあなただとわかるように名前と写真を登録して下さい。

登録

プロフィールに登録した名前と画像はLINEを利用する他のユーザーに公開されます。

9 <登録>をタップします。

10 ここでは<キャンセル>をタップします。

アドレス帳の友だちを追加しよう

電話番号を登録すると、アドレス帳の友だちを自動でLINEの友だちに追加できるようになります。

キャンセル　**登録する**

11 FacebookアカウントによるLINEの登録が完了しました。

友だち

Zirou Gijutsu

▶Memo

利用中のLINEアカウントにFacebookアカウントを連携させる

すでに利用中のLINEアカウントにFacebookアカウントを連携させたい場合は、<その他>→<設定>→<アカウント>から、「Facebook」の<連携する>をタップします。Facebookと連携しておけば、機種変更時などにFacebookアカウントでログインすることで、友だち情報などを引き継ぐことができます。

アカウント

メールアドレス登録	未登録
電話番号	+81 80-9554-3180
PINコード	未登録
Facebook	連携する
連動アプリ	
他端末ログイン許可	✓

Section 35 通知の設定を変更するには？

第5章 >> LINEのQ&A

友だちからの無料通話やメッセージの着信に気付きやすくなるように、設定を見直してみましょう。自分の環境に合った通知方法を選択し、より快適にLINEを使いこなしましょう。

① Androidスマホで通知設定を変更する

1 <その他>をタップして、

2 <設定>をタップし、

3 <通知設定>をタップします。

<通知設定>をタップしてチェックを外すと、LINEの通知機能が停止します。

4 <サウンド>や<バイブレーション>、<LED>をタップすると、スマートフォン本体が振動したり音を鳴らすなどして通知する設定のオン・オフが切り替わります。

ここをオフにすると、ポップアップにメッセージの内容が表示されなくなります。

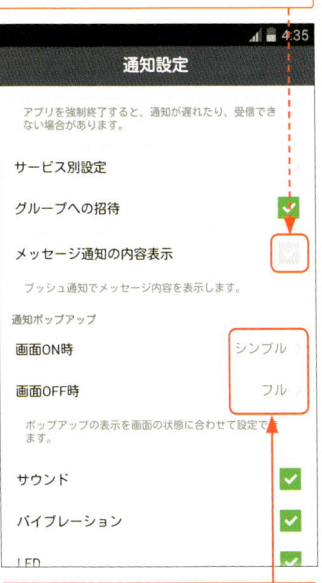

7 ＜ノート＞や＜ホーム＞などをタップすると、各サービスからの通知のオン・オフが切り替わります。

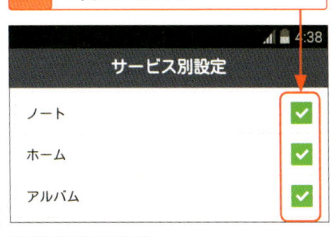

通知設定

アプリを強制終了すると、通知が遅れたり、受信できない場合があります。

サービス別設定

グループへの招待 ✓

メッセージ通知の内容表示

プッシュ通知でメッセージ内容を表示します。

通知ポップアップ

画面ON時　シンプル

画面OFF時　フル

ポップアップの表示を画面の状態に合わせて設定できます。

サウンド ✓

バイブレーション ✓

LED ✓

サービス別設定

ノート ✓

ホーム ✓

アルバム ✓

▶ Memo

通知機能を有効にしても通知されない場合

Androidスマートフォンでは、省電力モードや節電系のアプリを使用しているとLINEの通知が行われないことがあります。通知の設定を行っても通知が届かない場合は、省電力モードや節電系アプリの機能をオフにしてみてください。

5 「通知ポップアップ」の＜画面ON時＞＜画面OFF時＞をタップすると、＜フル＞や＜シンプル＞を選択して、ポップアップのサイズを変更できます。

6 ＜サービス別設定＞をタップして、

通知設定

アプリを強制終了すると、通知が遅れたり、受信できない場合があります。

サービス別設定

グループへの招待 ✓

メッセージ通知の内容表示

プッシュ通知でメッセージ内容を表示します。

▶ Memo

通知を一時的に停止する

一定時間だけ通知を止めたいときは、「通知設定」画面の＜一時停止＞をタップして＜1時間停止＞か＜午前8時まで停止＞のいずれかをタップします。

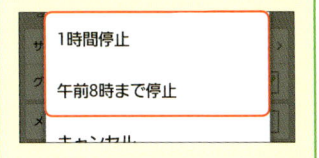

1時間停止

午前8時まで停止

❷ iPhoneで通知設定を変更する

1 <その他>をタップし、

2 <設定>をタップして、

3 <通知>をタップします。

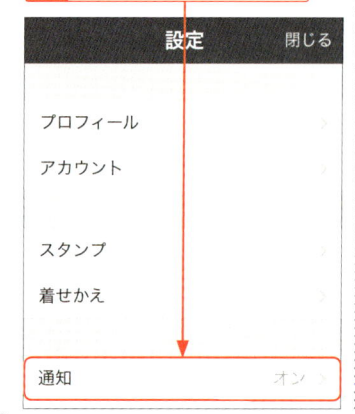

4 「通知」と「新規メッセージ」がオフになっていると通知されないので、通知が必要な場合は をタップしてオンにしましょう。

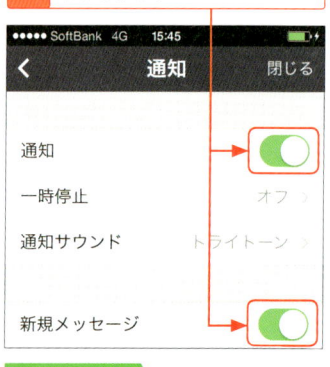

▶Memo

基本的な設定項目はAndroidスマホと同じ

基本的な設定項目はAndroidスマートフォンと同じです。一時停止やサービス別の設定も利用できます。

- メッセージ内容表示
  プッシュ通知でメッセージ内容を表示します。
- サービス別設定
  タイムラインの新着通知、連動したアプリからのメッセージ通知を個別に設定できます。
- グループへの招待
- アプリ内通知
- アプリ内サウンド

❸ iPhone本体で通知設定を変更する

1. ホーム画面で<設定>をタップし、

2. <通知センター>をタップして、

3. <LINE>をタップします。

4. 「通知スタイル」内の項目をタップして、通知の表示方法を変更できます。

5. 「Appアイコンバッジ表示」がオンだと、ホーム画面のLINEアイコンに通知件数が表示されます。

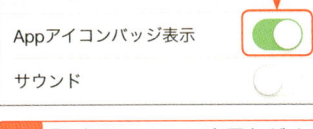

6. 「通知センターに表示」がオンであることを確認します。通知したくない場合は、をタップしてオフにします。

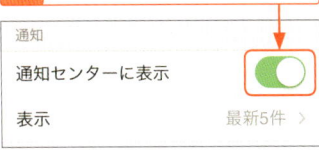

7. 「ロック画面に表示」がオンだと、ロック画面に通知が表示されます。

ロック画面およびロック画面からアクセスする通知センターに通知を表示します。

Section 36 着信音を変更したい!

第5章 >> LINEのQ&A

LINEでは、音声通話やメッセージの着信時に、好みの着信音を設定できます。電話やほかのアプリケーションの着信音と、LINEの着信音を区別するのにも役立ちます。

① Androidスマホで着信音を変更する

1 <その他>をタップし、

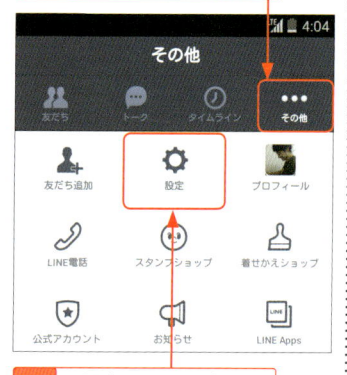

2 <設定>をタップして、

3 <通知設定>をタップします。

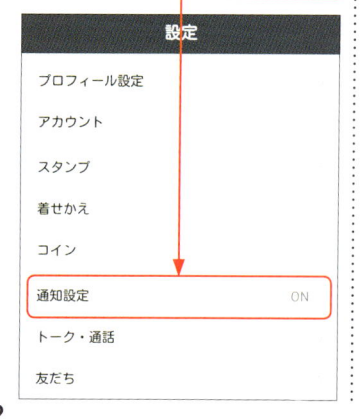

4 <通知サウンド>をタップして、

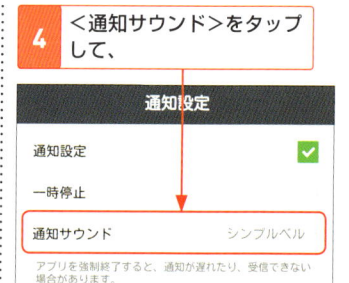

5 着信音にしたいサウンドをタップします。

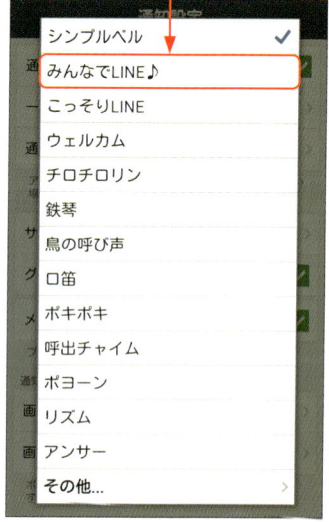

- シンプルベル
- みんなでLINE♪
- こっそりLINE
- ウェルカム
- チロチロリン
- 鉄琴
- 鳥の呼び声
- 口笛
- ポキポキ
- 呼出チャイム
- ポヨーン
- リズム
- アンサー
- その他...

| 6 | P.102手順5の画面で＜その他＞をタップすると、 |

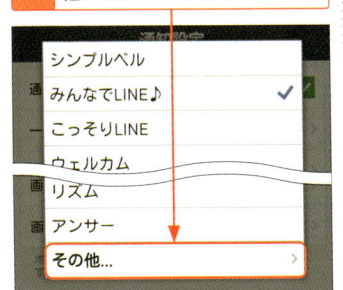

シンプルベル
みんなでLINE♪ ✓
こっそりLINE
ウェルカム
リズム
アンサー
その他...

| 7 | そのほかの通知音が表示されます。 |

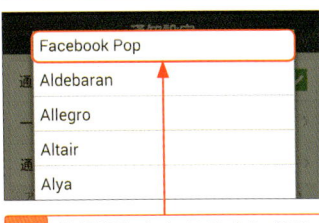

Facebook Pop
Aldebaran
Allegro
Altair
Alya

| 8 | 着信音にしたいサウンドをタップします。 |

❷ iPhoneで着信音を変更する

| 1 | P.100手順1～2を参考に＜その他＞→＜設定＞をタップし、 |

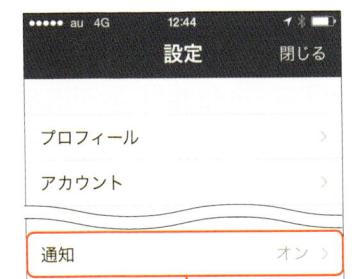

設定

プロフィール
アカウント
通知　　オン

| 2 | ＜通知＞をタップします。 |

| 3 | ＜通知サウンド＞をタップします。 |

通知

通知　　●
一時停止　　オフ
通知サウンド　　トライトーン

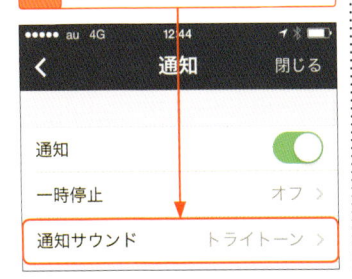

| 4 | 着信音にしたいサウンドをタップします。 |

通知サウンド

トライトーン ✓
シンプルベル
みんなでLINE♪
ポキポキ
呼出チャイム

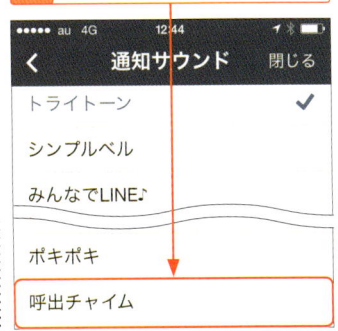

▶Memo

LEDやバイブレーションの設定をする

LINEでは着信音だけでなく、スリープ時に着信があると端末が光る「LED」や、振動する「バイブレーション」機能で着信を知らせてくれます。「通知設定」画面では、それぞれの機能のオン・オフを個別に変更できます。

Section 37 勝手に見られないようにパスコードをかけたい!

第5章 >> LINEのQ&A

LINEのトーク内容やグループノートには、第三者には見られたくないものもあるでしょう。パスコードをかけておけば、LINEの起動時に入力を求められるので、紛失時にも安心です。

① パスコードを設定する

1 <その他>をタップして、

2 <設定>をタップします。

3 <プライバシー管理>をタップします。

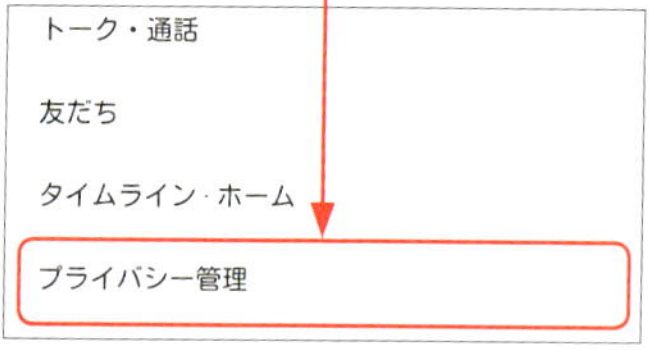

トーク・通話
友だち
タイムライン・ホーム
プライバシー管理

4 <パスコードロック>をオンにします(iPhoneでは<パスコードロック>→ ◯ をタップします)。

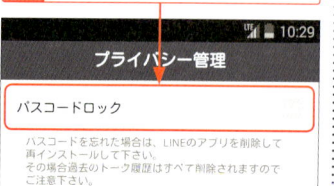

プライバシー管理

パスコードロック

パスコードを忘れた場合は、LINEのアプリを削除して再インストールして下さい。
その場合過去のトーク履歴はすべて削除されますのでご注意下さい。

5 パスコードを入力します。

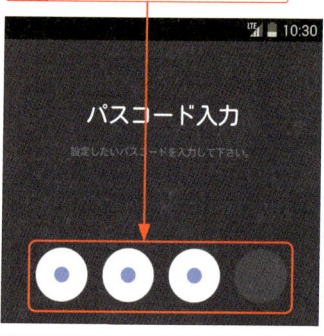

パスコード入力
設定したいパスコードを入力して下さい。

6 パスコードを再入力します。入力が終わると、LINEアプリ起動時にパスコードの入力を求められます。

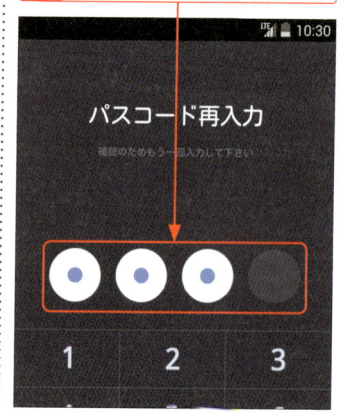

パスコード再入力
確認のためもう一度入力して下さい

第5章 >> LINEのQ&A

Section 38 機種変更のときに情報を引き継ぎたい!

スマートフォンを機種変更した場合も、メールアドレスを登録しておけば、スタンプやグループの情報を引き継ぐことができます。メールアドレスの変更も同様の方法で行えます。

① メールアドレスで引き継ぎを行う

1 <その他>→<設定>→<アカウント>をタップします。

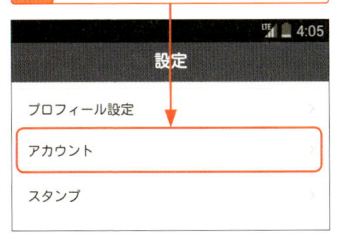

設定
- プロフィール設定
- アカウント
- スタンプ

2 <メールアドレス登録>をタップします。

アカウント
- メールアドレス登録　　　未登録

3 メールアドレスを入力し、

メールアドレス登録
- メールアドレス: linkupgalaxy@gmail.com
- パスワード: ●●●●●●●●●●
- ●●●●●●●●●●

4 パスワードを2回入力して、

5 <確認>(iPhoneでは<メール認証>)をタップします。

確認

6 登録したメールアドレスに送信された4桁の認証番号を入力して、

ウィンドウに、認証番号を入力してください。

登録する

7 <登録する>(iPhoneでは<メール認証>)をタップします。

▶Memo

新しい機種で情報を引き継ぐには

新しい機種で情報を引き継ぐには、P.18手順 **2** もしくはP.96手順 **1** の画面で<LINEユーザーログイン>をタップし、メールアドレスとパスワードを入力して画面の指示に従い操作します。

Section 39 　第5章 >> LINEのQ&A

重要なトークの内容を保存したい!

大切なトーク履歴がある場合は、機種変更などを行う前にトーク履歴を保存しましょう。トーク履歴を保存しておけば、新しい機種で復元することができます。なお、iPhoneではテキスト形式でのみトーク履歴を保存できます。

❶ 履歴を保存する

1 トークルームを表示したら☑をタップして、＜トーク設定＞をタップします。

2 ＜トーク履歴をバックアップ＞をタップして、

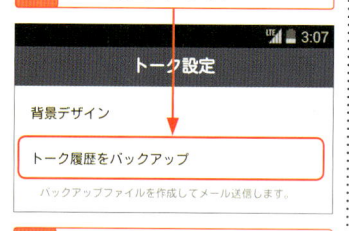

3 ＜すべてバックアップ＞をタップすると、バックアップが作成されます。

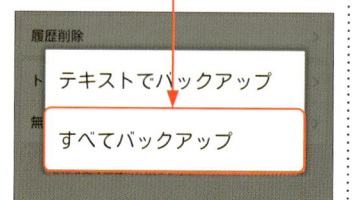

4 バックアップファイルをパソコンなどに送りたい場合は＜はい＞をタップし、

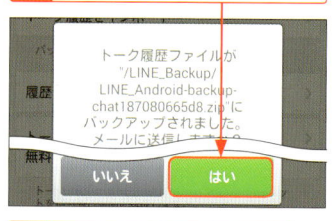

5 ＜確認＞をタップします。

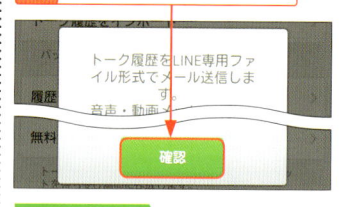

▶Memo

履歴を削除する

手順**2**で＜履歴削除＞（iPhoneでは＜トーク履歴をすべて削除＞）をタップすると、トークルーム内のトーク履歴が削除されます。

「アプリケーションを選択」画面が表示されることがあります。

6 メールアプリをタップして、

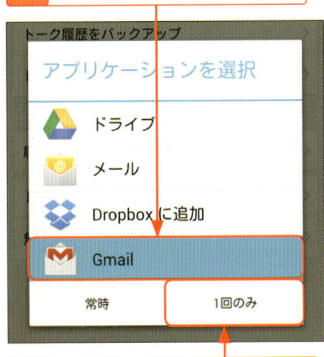

7 <1回のみ>をタップします。

トークのバックアップがメールに添付されました。

8 自分のパソコンのメールアドレスなどを宛先に指定して、

9 メールを送信します。

▶Memo

トークのバックアップを復元する

バックアップを復元するには、AndroidスマートフォンのLINE_Backup」フォルダにバックアップファイルを入れます（バックアップを作成したあと、バックアップが残ったままならこの作業は不要です）。P.106手順**2**の画面で<トーク履歴をインポート>をタップし、<はい>→<確認>の順にタップすると復元が行われます。

▶Memo

iPhoneでトーク履歴を保存する

iPhoneではP.106手順**2**の画面で<トーク履歴を送信>→<メールで送信>か<その他アプリ>をタップしてアプリを指定すると、テキスト形式のトーク履歴が保存、またはメールに添付できます。スタンプなどの情報は保存されず、復元操作もできないので、大事なテキスト情報をトークで交わしていたときなどに利用しましょう。

Section 40

第5章 >> LINEのQ&A

自分がブロックされているかどうか知りたい!

友だちに通話してもトークしても反応がない場合、自分がブロックされている可能性があります。ブロックされているかどうかを確認するには、スタンプを贈ってみる方法が確実です。

① スタンプをプレゼントして確認する(Androidのみ)

1 <その他>をタップして、

2 <スタンプショップ>をタップします。

3 相手のもっていなさそうなスタンプをタップします。

4 <プレゼントする>をタップします。

5 ブロックされている可能性のある相手をタップし、

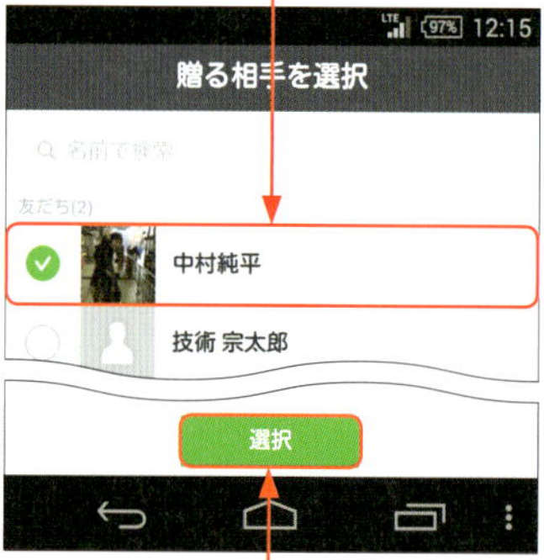

6 <選択>をタップします。

7 「すでにこのスタンプを持っているためプレゼントできません。」と表示されました。この場合は、相手からブロックされている可能性があります。何度かスタンプをプレゼントして同じ結果の場合、ブロックされているでしょう。

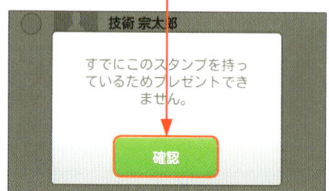

Section 41 第5章 ≫ LINEのQ&A

トーク内容を部分的に削除したい!

間違えて送信してしまったメッセージや、残しておく必要のないトーク履歴は削除してしまいましょう。トーク履歴の削除はメッセージごとに行うことができ、写真のやり取りやスタンプの履歴も削除できます。

① 送信したメッセージを削除する

1 トークルームで、削除したいトークを長押しして、

2 ＜メッセージを削除＞（iPhoneでは＜削除＞）をタップします。

3 削除したいトークをタップしてチェックを入れて、

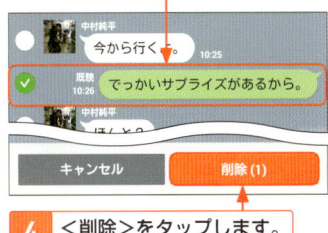

4 ＜削除＞をタップします。

5 確認画面が表示されるので、＜削除＞をタップすると、選択したトークが削除されます。

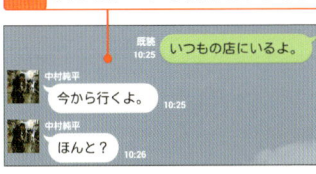

> **Memo**
>
> ### 相手のLINE上からは削除されない?
>
> ここで紹介しているトーク内容の削除方法を実行すると、自分のトーク履歴だけが削除されます。トークしていた相手のLINEからは削除されません。

Section 42 LINEのアカウントを削除したい!

第5章 >> LINEのQ&A

スマートフォンなどからLINEアプリを削除しただけではアカウントを削除できず、LINE上にアカウント情報が残っています。LINEをやめたい場合は、アカウントを削除しましょう。

❶ アカウントを削除する

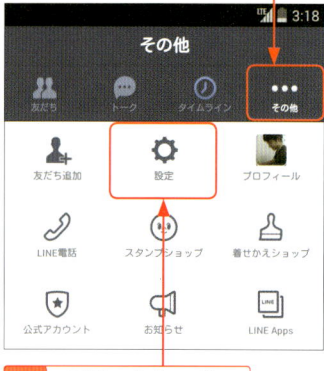

1 <その他>をタップして、

2 <設定>をタップし、

3 <プロフィール設定>（iPhoneでは<プロフィール>）をタップして、

4 <アカウント削除>をタップします。

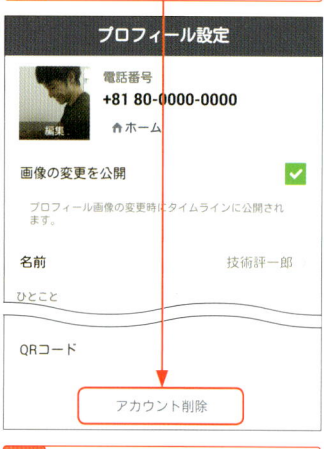

5 内容をよく読み、LINEのアカウントを削除しても問題がない場合は、<アカウント削除>（iPhoneでは<アカウントを削除>）をタップします。

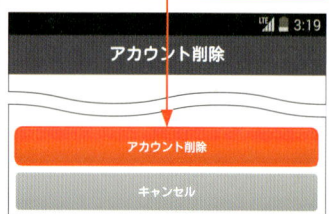

LINE 編

第6章
パソコンでLINEを使おう

Section 43	パソコンにLINEをインストールしよう
Section 44	パソコンでトークを楽しもう
Section 45	パソコンで無料通話を楽しもう

Section 43

第6章 >> パソコンでLINEを使おう

パソコンにLINEをインストールしよう

LINEのトークや無料通話はパソコンでも楽しめます。ここではWindows 8.1パソコンを例にして、LINEをインストールする方法を紹介します。なお、パソコンからログインするには、あらかじめLINEでのメールアドレスの登録が必要です。

① LINEをインストールする

1. Internet Explorerを起動し、LINEの公式ページ（http://line.naver.jp/）にアクセスします。

2. ＜ダウンロード＞をクリックして、

3. 「PC」内にある「Windows」（「Windows 8」ではありません）の＜Download＞をクリックし、

4. ＜実行＞をクリックします。

5. 使用する言語を選択し、

6. ＜OK＞をクリックします。

▶Memo

ユーザーアカウント制御

手順4のあとに「ユーザーアカウント制御」のダイアログが表示された場合は、＜はい＞をクリックします。

	7	<次へ>をクリックし、

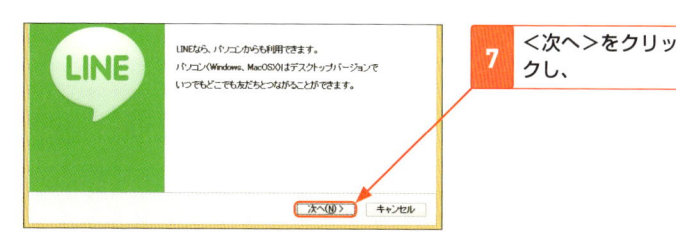

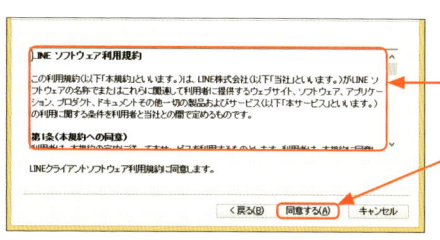

	8	「LINE ソフトウェア利用規約」を確認して、
	9	<同意する>をクリックします。

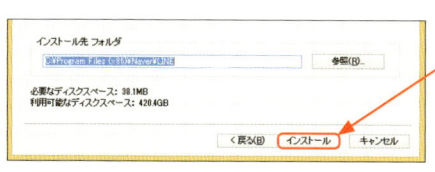

	10	<インストール>をクリックし、

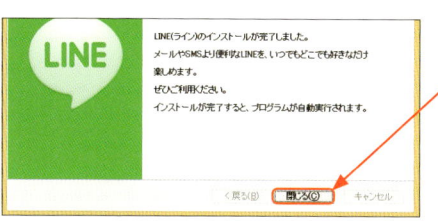

	11	インストールが完了したら、<閉じる>をクリックします。

▶Memo

LINEにログインする

手順11のインストール完了後、LINEが自動的に起動します。あらかじめスマートフォン版のLINEでメールアドレスを登録してある場合は、メールアドレスとパスワードを入力してログインします。初めてログインする際は、本人確認のための認証番号が表示されるので、スマートフォンでその番号を入力し、認証を完了させましょう。また、<QRコードログイン>をクリックして表示されたQRコードを、スマートフォンのLINEアプリ内のQRコードリーダーでスキャンすることでも、ログイン可能です。

Section 44

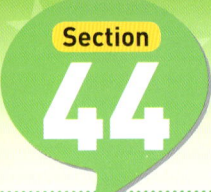

第6章 >> パソコンでLINEを使おう

パソコンでトークを楽しもう

パソコン版のLINEでのトーク機能は、スマートフォン版のLINEと同様に、テキストでのやり取りはもちろん、画像やスタンプなどの送受信も可能です。また、パソコン版ではExcelやPDFなどのファイルも送信できます。

① トークを開始する

1 🧑‍🤝‍🧑 をクリックし、

2 トークをしたい友だちをダブルクリックすると、

3 トークルームが表示され、トークを開始できます。

▶Memo

そのほかのトーク開始方法

メイン画面左上のLINEロゴマークの右横にある▼→＜トークを開始する＞をクリックし、一覧からトークしたい友だちをクリックして、＜OK＞をクリックしてもトークを開始できます。また、友だちからのトークを受信すると、通知が表示されます。通知をクリックすることでも、トークを開始できます。

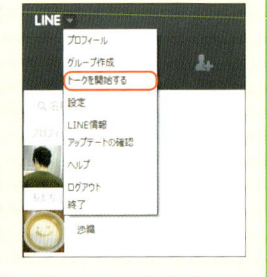

❷ テキストやスタンプを送信する

1 P.114手順3の画面でメッセージを入力し、

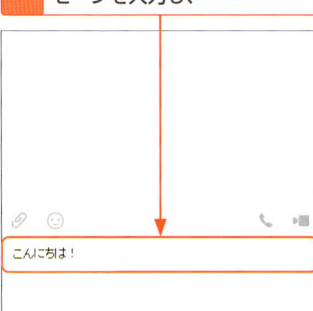

こんにちは！

2 キーボードで Enter キーを押します。

テキストが送信されました。

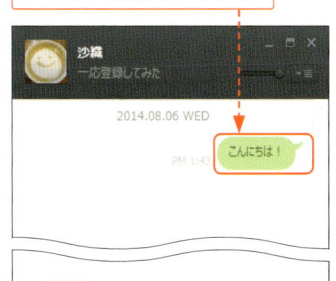

沙織
一応登録してみた

2014.08.06 WED

こんにちは！
PM 1:45

3 ☺ をクリックして、

4 ＜スタンプ＞をクリックし、

絵文字 | スタンプ | 顔文字

5 スタンプの種類をクリックして、

6 送信したいスタンプをクリックすると、

沙織
一応登録してみた

既読 こんにちは！
PM 3:00

こんにちは！ PM 3:00

既読
PM 3:02

7 トークルームにスタンプが送信されます。

▶Memo

スマートフォン版のLINEで購入したスタンプは使える？

スマートフォン版のLINEで購入したスタンプや、プレゼントとして受け取ってダウンロードしてあるスタンプは、パソコン版のLINEでも利用できます。なお、パソコン版のLINEではスタンプの購入や、友だちにスタンプをプレゼントすることはできません。

❸ パソコン内の画像を送信する

1 👥→トークをしたい友だちの順にクリックして、トークルームを表示します。

2 📎 をクリックし、

3 送信したい画像をクリックして、

4 <開く>をクリックします。

5 画像がトークルームに送信されます。画像以外のファイルも同じ方法で送信ができます。

▶Memo

パソコンから送信できるファイルは？

パソコン版のLINEでは画像、動画、音声をはじめ、WordやExcelといったファイルも送信できます。また、画像は3MB以内、動画は300MB以内といった、送信するファイルの種類によって容量に制限があります。

❹ 友だちからの画像を閲覧・保存する

1. 友だちから画像を受信したトークルームを開き、閲覧したい画像のサムネイルをクリックします。

画像が大きく表示されます。

2. ✕をクリックすると、画像が閉じます。

3. 画像を保存するときは、手順 1 の画面で＜保存＞をクリックし、

4. 保存場所とファイル名を設定して、

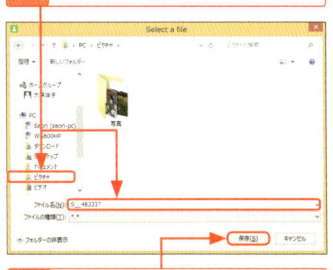

5. ＜保存＞をクリックすると、画像が保存されます。

▶Memo

ファイルが表示されない？

ファイルが表示されないときは、すでにLINEのサーバーから削除されている可能性があります。画像や動画は一定期間で削除されるので、必要なファイルは受信後、早めに保存しましょう。

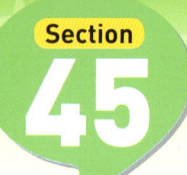

第6章 >> パソコンでLINEを使おう

Section 45 パソコンで無料通話を楽しもう

ここでは、パソコン版のLINEで無料通話を利用する方法を紹介します。パソコン版のLINEどうしはもちろん、スマートフォン版のLINEとも無料通話が楽しめます。なお、通話には市販のマイクが必要です。

❶ 無料通話を発信する

1 P.114を参考にトークルームを表示して📞をクリックし、

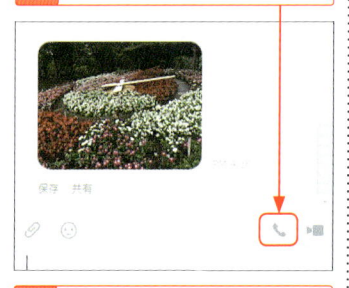

2 友だちに無料通話が発信され、友だちが応答したら通話開始です。＜終了＞をクリックすると通話が終了し、

3 トークルームで通話時間が確認できます。

▶Memo

メイン画面から無料通話を発信する

パソコン版のLINEのメイン画面で友だちを右クリックし、＜無料通話＞をクリックすると、無料通話を発信できます。

❷ 無料通話の着信に応答する

1 トークルームを表示中に無料通話の着信があると、通知と「無料通話」ウィンドウが表示されるので、どちらかの<応答>をクリックすると、

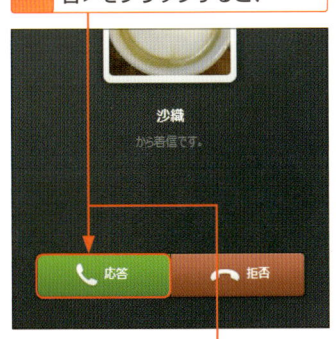

沙織
から着信です。

📞 応答　　📞 拒否

沙織
から着信です。
📞 応答　　📞 拒否

2 通話が始まります。<終了>をクリックすると、

沙織
0:06

🎤　🔊　📹ビデオ通話

📞 終了

3 無料通話が終了します。発信の場合と同様、トークルームには通話時間が表示されます。

沙織
一応登録してみた

キャンセル　PM 5:04

不在着信　PM 5:04

📞 00:31　PM 5:05

▶Memo

無料通話は1つの機器でしか利用できない

無料通話は1つのアカウントにつき、同時に1つの機器でしか利用できません。たとえば、パソコン版のLINEで無料通話を利用している最中は、同じアカウントでログインしているスマートフォン版のLINEでは、無料通話が利用できません。その点に注意して無料通話を楽しみましょう。

LINE
他の機器で通話中です。
OK

❸ LINEからログアウトする

1 メイン画面左上のLINEロゴマークの右横にある▼をクリックし、

2 <ログアウト>をクリックします。

3 ログアウトすると、LINEのログイン画面に戻ります。

▶Memo

スマートフォンからパソコンのLINEをログアウトする

スマートフォン版のLINEで<その他>→<設定>→<アカウント管理>（iPhoneでは<アカウント>）→<ログイン中の端末>の順にタップすると、同じアカウントを使ってログインしている端末情報を確認できます。また、この画面から端末をログアウトさせることも可能です。

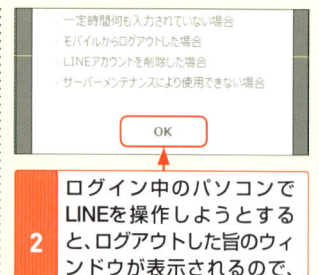

1 <ログアウト>をタップして、

2 ログイン中のパソコンでLINEを操作しようとすると、ログアウトした旨のウィンドウが表示されるので、<OK>をクリックします。

Facebook 編

第1章
Facebookを
はじめよう

Section 01 | Facebookとは?
Section 02 | Facebookのアカウントを登録しよう
Section 03 | プロフィールを編集しよう
Section 04 | 連絡先情報とプライバシーを設定しよう
Section 05 | Facebookのメインページを理解しよう

第1章 >> Facebookをはじめよう

Section 01 Facebookとは?

Facebookは、世界でもっとも多くの会員数を誇る、アメリカ発祥のSNSです。世界100ヶ国以上で利用されており、メッセージのやり取りや情報の共有など、さまざまな手段で交流が深められます。

1 日本でも定番となった世界最大のSNS

Facebook は、2004 年に学生同士の交流を深めることを目的として、「ザ・フェイスブック」という名称でサービスが開始されました。2006 年に一般にも公開が開始されると瞬く間に利用者数が急増し、2008 年 5 月からは日本語版のサービスが公開されています。2014 年 2 月には、開設から 10 年目を迎え、ますます盛り上がりを見せています。

日本では、Facebook が上陸する前は mixi や Twitter、GREE などの SNS が中心となって利用されていました。日本国内における Facebook のユーザー数は 2,200 万人を突破し、月間利用者数は 1,000 万人を超えています。また、Facebook は実名登録を基本としているサービスのため、この利用者数の中には同一人物の重複登録が少ないことも特徴であるといえます。

さらに、マーケティングや一般利用者との交流の場として利用されることの多い、情報を発信できる「Facebook ページ」などを活用した企業や著名人が増えており、従来のホームページの代替としてビジネスの面でも注目されている SNS といえます。

● Facebook のトップページ

❷ Facebookでできること

Facebookは、プライベートからビジネスまで幅広い層が活用しています。プライベートでは趣味や仲間との交流、ビジネスでは新商品やキャンペーン情報の宣伝などに利用されています。

● プライベート活用

実名を基本としているFacebookでは、任意で居住地や出身地、勤務先、学歴といった情報を登録できます。これによって、友達や知人を見つけることが容易になっています。近況を書き込んだり、撮影した写真や今いるスポットを投稿することも可能です。

実名によるコミュニケーションが活発に行われています。

● ビジネス活用

Facebookでは個人のアカウントとは別に、企業のFacebookページを開設し、企業の名前で投稿することができます。そのため、宣伝や顧客との交流などの目的で、ビジネスにも幅広く利用されています。

マーケティングツールとして、ビジネスでも活用されています。

第1章 >> Facebookをはじめよう

Section 02 Facebookのアカウントを登録しよう

まずはFacebookのアカウントを登録し、プロフィールを設定しましょう。2014年8月現在、Facebookアプリからの登録は、13歳以上で電話番号またはメールアドレスを持っていれば、誰でも無料で登録・利用することができます。

① Facebookアプリからプロフィール情報を入力する

アプリケーション画面から、Facebookアプリをタップして起動します。

1 ＜Facebookに登録＞をタップします。

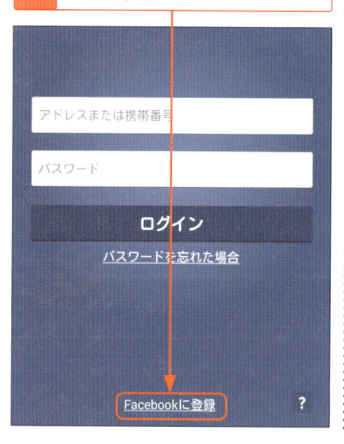

2 利用規約を確認し、＜OK＞をタップします。

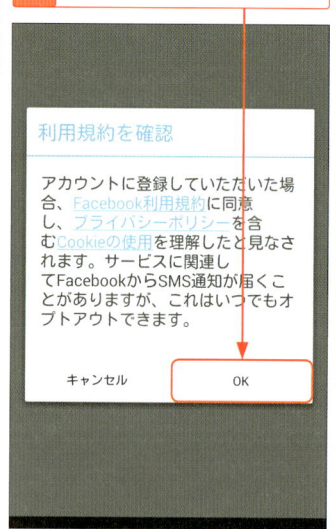

利用規約を確認

アカウントに登録していただいた場合、Facebook利用規約に同意し、プライバシーポリシーを含むCookieの使用を理解したと見なされます。サービスに関連してFacebookからSMS通知が届くことがありますが、これはいつでもオプトアウトできます。

▶ Memo

アカウントはメールアドレスか電話番号を選択

Facebookでは、アカウント作成時にメールアドレスまたは電話番号のどちらかを登録する必要があります。最初は電話番号入力画面が表示されますが、メールアドレスで登録したい場合は＜メールアドレスを使用＞をタップして切り替えておきましょう。アカウントに使用したメールアドレスや電話番号は、後で変更することも可能です。

3 「メールアドレス」にメールアドレスを入力します。

メールアドレスを入力

ログイン時や、パスワードをリセットする場合に、このメールを使用します。

linkup_fb2014@yahoo.co.jp

次へ

携帯電話番号を使用

ログイン

4 <次へ>をタップします。

5 ローマ字で「姓」と「名前」を入力して、

名前は？

実名を使用すると、友達があなたを見つけやすくなります。

Tarou　　　　Yamada

次へ

ログイン

6 <次へ>をタップします。

7 「パスワード」を入力して、

パスワードを作成

6文字以上の数字、アルファベット、記号(!や&など)の組み合わせを入力してください。

linkup77

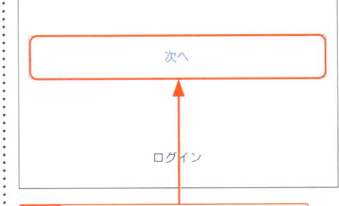

次へ

ログイン

8 <次へ>をタップします。

9 「生年月日」をタップして選択し、

生年月日

プロフィールで誕生日を表示するかどうかは後から決めることができます。詳しくはこちら。

1985/07/01

次へ

ログイン

10 <次へ>をタップします。

11 「性別」をタップして選択します。

性別

性別を選択することでFacebookをより快適に利用することができます。

- 女性
- 男性

12 登録したメールアドレスに確認コードが送信されます。「確認コード」にメールに記載された確認コードを入力して、

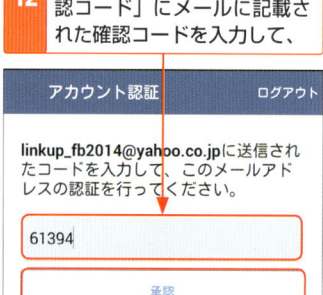

アカウント認証　ログアウト

linkup_fb2014@yahoo.co.jpに送信されたコードを入力して、このメールアドレスの認証を行ってください。

61394

承認

13 <承認>をタップします。

▶Memo

電話番号設定時の確認コード

アカウントに電話番号を設定した場合は、FacebookからSMSで確認コードが送信されます。確認コードがうまく受信できなかった場合は、送信先をメールアドレスに変更するか、確認コードの再送を行ってみてください。

14 「自分の写真を追加」画面が表示されたら、<スキップ>をタップします。

自分の写真を追加　スキップ

プロフィール画像を追加しましょう。

写真を撮る

15 「出身地」「高校」「大学」「職歴」「居住地」を入力したら、

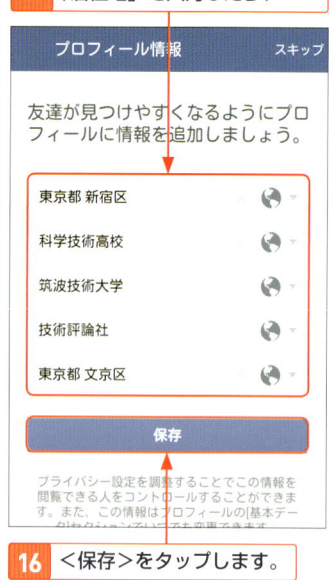

プロフィール情報　スキップ

友達が見つけやすくなるようにプロフィールに情報を追加しましょう。

- 東京都 新宿区
- 科学技術高校
- 筑波技術大学
- 技術評論社
- 東京都 文京区

保存

プライバシー設定を調整することでこの情報を閲覧できる人をコントロールすることができます。また、この情報はプロフィールの「基本データ」セクションにおいても変更できます。

16 <保存>をタップします。

17 「友達を検索」が表示されたら、<スキップ>をタップして、

| 友達を検索 | スキップ |

Facebookで電話帳の知り合いを検索

友達を検索

---

18 「自分の姓名（漢字）」「自分の姓名（カナ）」を入力し、

| 名前(日本語)を登録 | スキップ |

お名前を日本語で入力してください。(漢字とフリガナ)

友達があなただとわかるように本名で登録してください。

山田
太郎
ヤマダ
タロウ

次へ

19 <次へ>をタップします。

---

20 アカウントの登録が完了すると、Facebookのホーム画面が表示されます。

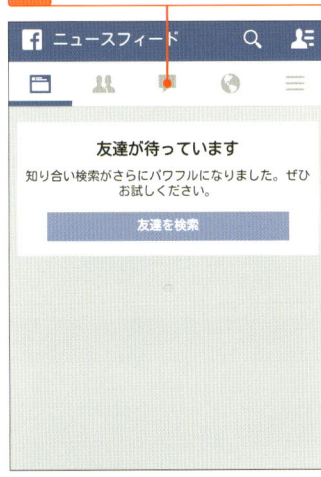

ニュースフィード

友達が待っています
知り合い検索がさらにパワフルになりました。ぜひお試しください。

友達を検索

▶Memo

iPhoneでFacebookと連携する

iPhoneでは、ホーム画面から<設定>アプリを起動し<Facebook>をタップすると、iPhoneとFacebookアカウントを連携することができます。P.6〜7の方法でアプリをインストールした場合は、こちらでもログインをしておきましょう。

検索中... 14:34
<設定　Facebook

Facebook　インストール済み
Facebook Inc.

設定

第1章 Facebookをはじめよう

第1章 >> Facebookをはじめよう

Section 03 プロフィールを編集しよう

プロフィール情報は、いつでも簡単に編集することができます。常に最新の情報を反映しておくことで、より多くの知り合いと繋がるきっかけになるかもしれません。

① 自己紹介を登録する

1 Facebookのホーム画面で ≡ をタップします。

2 自分の名前をタップします。

3 <基本データを編集>をタップします。

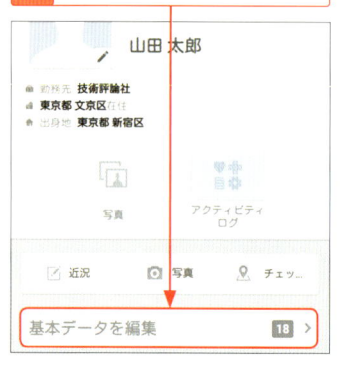

4 <プロフィールを表示>をタップします。

5 <自己紹介文を追加>をタップします。

128

Facebook

第1章 Facebookをはじめよう

6 <自己紹介文を追加>の入力欄をタップして自己紹介を入力したら、

プロフィールを編集

自己紹介
よろしくお願いします！

保存する　キャンセル

7 <保存する>をタップします。

8 自己紹介が登録されます。

誕生日: 1988年10月28日
男性

交際ステータス　／編集
＋ 交際ステータスを追加

家族　／編集
＋ 家族を追加

自己紹介　／編集
よろしくお願いします！

好きな言葉
＋ 好きな言葉を追加

② プロフィール写真を登録する

1 Facebookのホーム画面で≡をタップします。

さらに表示

山田 太郎

お気に入り

2 自分の名前をタップします。

山田 太郎

山田 太郎

🏢 勤務先: **技術評論社**
🏠 **東京都 文京区**在住
🏠 出身地: **東京都 新宿区**

写真　アクティビティ

3 プロフィール画像をタップします。

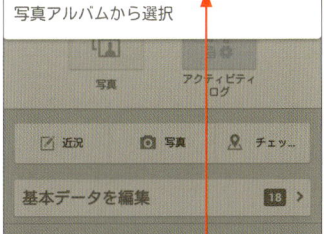

山田 太郎

山田 太郎

写真をアップロード

写真アルバムから選択

写真　アクティビティログ

近況　写真　チェッ...

基本データを編集　18 >

2014年

4 <写真をアップロード>をタップします。

5 プロフィール写真に設定する画像をタップして、

6 画像のサイズと位置を調節したら、

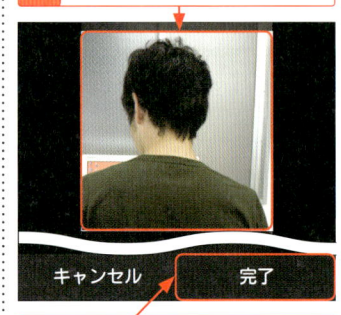

7 <完了>をタップすると、プロフィール画像として設定されます。

③ 職歴と学歴を登録する

P.128手順**1**～**4**を参考にプロフィール編集画面を表示しておきます。

1 <勤務先を追加>をタップします。

2 各項目をタップして入力したら、

3 <保存する>をタップすると、プロフィールに反映されます。

▶Memo

学歴を編集する

学歴を編集したい場合は、「基本データの編集」画面を表示しておきます。高校は<高校を追加>、大学は<大学を追加>をそれぞれタップしてください。項目を入力して<保存する>をタップすれば、プロフィールに反映されます。

④住んだことのある場所を登録する

P.128手順1～4を参考にプロフィール編集画面を表示しておきます。

1 ＜居住地を追加＞をタップします。

2 「現在の居住地を入力してください」の入力欄をタップして、住所を入力します。

3 居住地の候補が表示されるので、該当する場所をタップしてください。

4 ＜保存する＞をタップします。

5 居住地が登録されます。

▶Memo

居住地の複数登録

Facebookでは、職歴や学歴、居住地などの項目を複数登録することができます。登録することで、友達から検索しやすくなるというメリットがあります。支障のない範囲で登録しておくと便利です。

▶Hint

共有範囲を指定しておこう

居住地や出身情報など、基本データの項目は個人情報に該当します。通常は全体公開に設定されていますが、抵抗がある場合は をタップして公開範囲を変更しておきましょう。

⑤ 交際関係を登録する

P.128手順 1 ～ 4 を参考にプロフィール編集画面を表示しておきます。

生年月日	1988年10月28日
性別	男性
交際ステータス	✏ 編集
＋ 交際ステータスを追加	
家族	✏ 編集

1 ＜交際ステータスを追加＞をタップします。

2 ＜交際ステータスは？＞をタップします。

＜ プロフィールを編集　　Q

交際ステータス

交際ステータスは？

保存する　キャンセル

3 該当する交際ステータスをタップして、

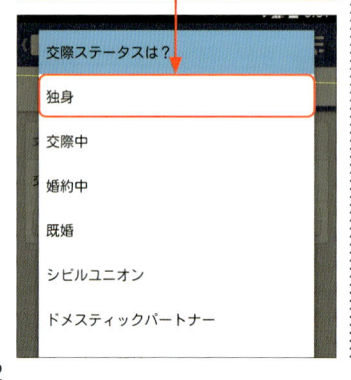

交際ステータスは？
- 独身
- 交際中
- 婚約中
- 既婚
- シビルユニオン
- ドメスティックパートナー

4 ＜保存する＞をタップします。

＜ プロフィールを編集　　Q

交際ステータス

独身

保存する　キャンセル

5 交際ステータスが登録されます。

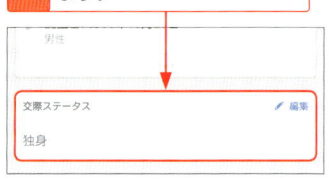

男性

交際ステータス　　　　　✏ 編集

独身

▶Memo

交際相手を登録することも可能

交際ステータスのうち、「交際中」「既婚」など一部のステータスを選択すると、名前や期間など詳細な設定が可能になります。ただし、こちらも個人情報に該当するため、公開範囲の指定は慎重に行いましょう。

交際ステータス

既婚

名前を入力

記念日：　年

保存する　キャンセル

❻ 基本データを登録する

P.128手順 1 ～ 4 を参考にプロフィール編集画面を表示しておきます。

1 ＜編集＞をタップします。

2 各項目をタップして入力したら、

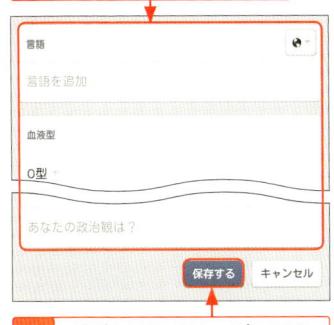

3 ＜保存する＞をタップします。

4 基本データの編集が完了し、登録が反映されました。

▶Memo

お気に入りや趣味を追加しよう

好きなミュージシャンやスポーツ選手などの情報を追加することで、共通の趣味を持つユーザーが検索しやすくなります。これらの情報を追加するには、P.128手順 4 の画面から＜スキップ＞をタップし、追加したい項目が表示されるまで繰り返し＜スキップ＞をタップしましょう。

第1章 >> Facebookをはじめよう

Section 04 連絡先情報とプライバシーを設定しよう

Facebookには、自分の連絡先を登録しておくことができます。知り合いとの連絡手段として、登録しておきましょう。ただし、大切な個人情報なので、公開範囲には注意しておく必要があります。

① 連絡先情報を登録する

P.128手順 1 ～ 4 を参考にプロフィール編集画面を表示しておきます。

1 「連絡先情報」の＜編集＞をタップします。

2 内容を編集・設定したら、

3 ＜保存する＞をタップします。

4 「連絡先情報」の項目が設定されます。

▶Memo

連絡先情報の公開範囲を設定する

手順 2 で、各項目の右側に表示されているアイコンをタップすると、それぞれの項目について公開範囲を設定することができます。＜公開＞や＜友達＞、＜自分のみ＞や＜カスタム＞、リストなど、自由に公開範囲を設定可能です。電話番号や住所などの項目は、設定する公開範囲に注意しておきましょう。

② 投稿時の公開範囲を指定する

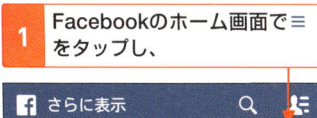

1 Facebookのホーム画面で≡をタップし、

f さらに表示

ヘルプ＆設定

- ⚙ アプリの設定
- 🗂 ニュースフィードの管理
- ⚙ アカウント設定
- 🔒 コードジェネレータ

2 ＜アカウント設定＞（iPhoneでは＜設定＞）をタップします。

3 ＜プライバシー＞をタップします。

f 設定

- 一般
- セキュリティ
- プライバシー
- タイムラインとタグ付け
- ブロック
- お知らせ
- テキストメッセージ
- フォロワー
- アプリ
- 広告

4 ＜今後の投稿の共有範囲＞をタップします。

f つながりの設定

私のコンテンツを見ることができる人

今後の投稿の共有範囲
友達

友達の友達とシェアまたは公開でシェアした投稿の共有範囲を制限

私に連絡を取ることができる人

私に友達リクエストを送信できる人
全員

受信箱にメッセージを受け取る相手
基本フィルタ

私を検索できる人

5 「今後の投稿の共有範囲」の＜公開＞＜友達＞＜自分のみ＞から公開範囲をタップすると、公開範囲の設定が変更されます。

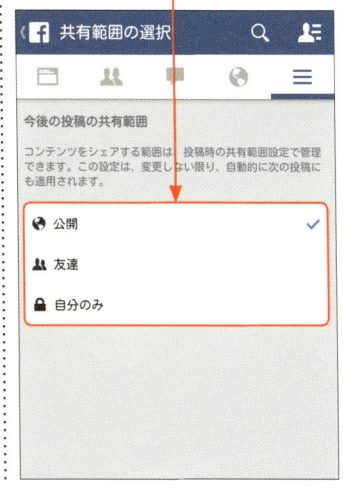

f 共有範囲の選択

今後の投稿の共有範囲

コンテンツをシェアする範囲は、投稿時の共有範囲設定で管理できます。この設定は、変更しない限り、自動的に次の投稿にも適用されます。

- 🌐 公開 ✓
- 👥 友達
- 🔒 自分のみ

Facebook

第1章 Facebookをはじめよう

135

③ つながりの設定をする

P.135手順1～3を参考に「つながりの設定」画面を表示します。

1 許可する範囲を変更したい項目をタップして、

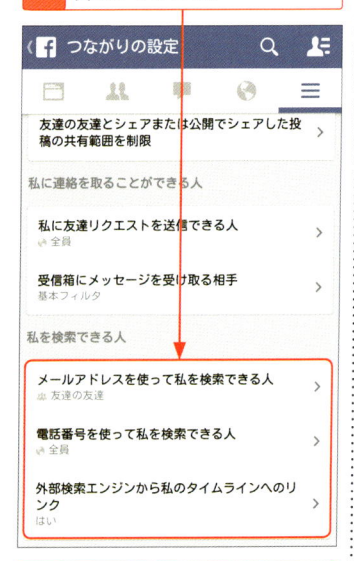

〈 f つながりの設定　Q 👤

友達の友達とシェアまたは公開でシェアした投稿の共有範囲を制限 〉

私に連絡を取ることができる人

私に友達リクエストを送信できる人
全員 〉

受信箱にメッセージを受け取る相手
基本フィルタ 〉

私を検索できる人

メールアドレスを使って私を検索できる人
友達の友達 〉

電話番号を使って私を検索できる人
全員 〉

外部検索エンジンから私のタイムラインへのリンク
はい 〉

2 許可する範囲をタップしたら、

〈 f 共有範囲の選択　Q 👤

メールアドレスを使って私を検索できる人

すでにメールアドレスを確認できないユーザーにも適用されます。

🌐 全員
👥 友達の友達 ✓
👤 友達

3 許可する範囲が変更されます。

受信箱にメッセージを受け取る相手
基本フィルタ 〉

私を検索できる人

メールアドレスを使って私を検索できる人
全員 〉

電話番号を使って私を検索できる人
全員 〉

外部検索エンジンから私のタイムラインへのリンク
はい 〉

▶**Memo**

「つながりの設定」の公開範囲

「つながりの設定」をはじめ、Facebookでは投稿時や各項目の情報を公開する範囲を指定することができます。設定した公開範囲はいつでも変更が可能です。デフォルトではすべての項目がFacebookユーザー全員に公開されているので、必要に応じて公開範囲を変更しておきましょう。

全員	Facebookを利用しているユーザー全員に公開
友達の友達	友達に加え、その友達のユーザーのみに公開
友達	友達になっているユーザーのみ公開
自分のみ	自分だけ閲覧可能

④ タグ付けされた投稿の掲載確認を設定する

P.135手順 1 ～ 2 を参考に「設定」画面を表示します。

1 <タイムラインとタグ付け>をタップします。

〈 📘 設定　　　　　Q　 ≡

- 一般 >
- セキュリティ >
- プライバシー >
- タイムラインとタグ付け >
- ブロック >
- お知らせ >
- テキストメッセージ >

2 <友達があなたをタグ付けした投稿を～>をタップして、

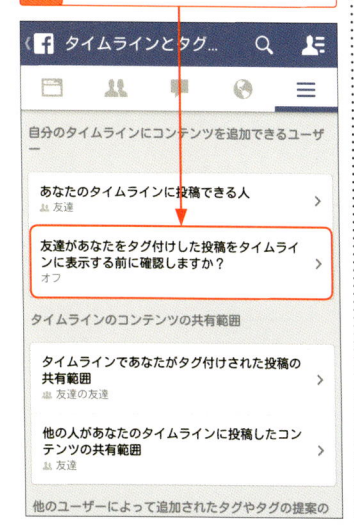

〈 📘 タイムラインとタグ...　Q

自分のタイムラインにコンテンツを追加できるユーザー

あなたのタイムラインに投稿できる人
友達 >

友達があなたをタグ付けした投稿をタイムラインに表示する前に確認しますか?
オフ

タイムラインのコンテンツの共有範囲

タイムラインであなたがタグ付けされた投稿の共有範囲
友達の友達 >

他の人があなたのタイムラインに投稿したコンテンツの共有範囲
友達 >

他のユーザーによって追加されたタグやタグの提案の

3 「タイムライン掲載を確認」の右のアイコンをタップしてONにすると、

〈 📘 タイムライン掲載を...　Q

タイムライン掲載を確認　　　OFF

友達があなたをタグ付けした投稿をタイムラインに表示する前に確認しますか?

注: これにより管理できるのは、タイムラインで表示されるもののみです。タグ付けされた投稿は検索やニュースフィード、Facebook上のその他の場所で表示され続けます

4 タグ付けされたコンテンツが自分のタイムラインに掲載される前に、掲載可否が確認されるようになります。

▶Memo

タグ付け

写真や動画などのコンテンツに、知り合いが写っていることを知らせる目印を「タグ」、そのタグを設定することを「タグ付け」といいます。タグ付けされた利用者には、そのコンテンツに自分が写っているということが通知され、タイムラインに掲載されます。なお、ここで紹介した方法でタグ付けの掲載確認を設定し、拒否した場合にはタイムラインに掲載されませんが、投稿元が設定した範囲には公開されます。

⑤ アプリで共有する情報を設定する

P.135手順 **1**〜**2**を参考に「設定」画面を表示します。

1 ＜アプリ＞をタップします。

＜ 設定

- プライバシー
- タイムラインとタグ付け
- ブロック
- お知らせ
- テキストメッセージ
- フォロワー
- **アプリ**
- 広告
- 支払い
- サポートダッシュボード

2 ＜他のユーザーが使用しているアプリ＞をタップします。

＜ アプリとウェブサイト

Facebookでは、ユーザーの名前、プロフィール写真、カバー写真、性別、ネットワーク、ユーザーネーム、ユーザーIDが常に一般公開情報となり、アプリなどに公開されます。詳しくはこちら。また、アプリはユーザーの友達リストやユーザーが公開している情報にアクセスできます。

プラットフォーム　オン ＞

0件のアプリにあなたのFacebookアカウントとのやりとりを許可しています。

他のユーザーが使用しているアプリ

旧バージョンのFacebookモバイル
友達

3 公開する情報にはチェックを入れ、公開しない情報からはチェックを外すと、

＜ 他のユーザーが使用...

- 経歴　✓
- 生年月日　✓
- 家族と交際ステータス　✓

4 友達がアプリケーションを利用して自分の情報を閲覧する際に、公開される情報が変更されます。

▶Memo

アプリのプラットフォームを設定する

Facebookアプリは、使用する際に名前やプロフィール写真などの個人情報をアプリに提供して利用することがほとんどです。これらの個人情報をアプリに提供したくない場合は、手順 **2** の画面で＜プラットフォーム＞をタップしてオフにしておきましょう。オフにしておくと情報漏えいは防ぐことはできますが、Facebookを使ってWebサイトやアプリにログインできなくなったり、友達がアプリやWebサイトを使って自分と交流することが不可能になるなど、不便な点もあります。

❻ Facebookアプリのお知らせ設定をする

1 P.135手順1を参考に＜アプリの設定＞（iPhoneでは＜設定＞→＜お知らせ＞）をタップします。

2 「お知らせの設定」から、お知らせを受け取る項目にはタップしてチェックを入れ、お知らせを受け取りたくない項目はタップしてチェックを外します。

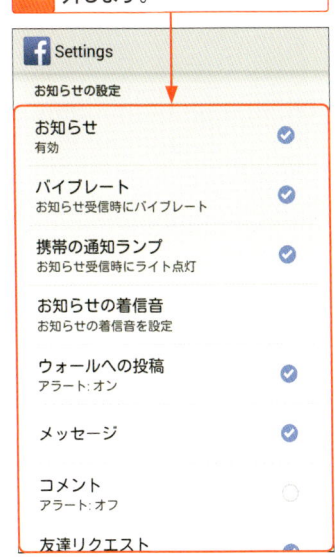

3 Facebookアプリからのお知らせ設定が変更されます。

▶Memo

お知らせの設定とは

お知らせの設定とは、自分のページに誰かが投稿、コメント、メッセージ送信などを行ったときに、Facebookのアプリ内で通知を受け取ることができる機能のことです。通知を受け取ったら、「お知らせ」メニューに反映されます。デフォルトではすべての項目がオンになっているため、不要な通知があればオフに変更しておきましょう。

Section 05 Facebookのメインページを理解しよう

第1章 >> Facebookをはじめよう

Facebookのメインページには、友達の投稿や「いいね!」をしたページの更新情報を確認できるニュースフィードと、その利用者だけの投稿やプロフィールなどを確認できるタイムラインがあります。

① ホーム画面の画面構成

● Android版　　● iPhone版

❶検索	メールアドレスや名前を入力して、友達を検索することができます。
❷チャット	友達が一覧で表示され、タップした友達とチャットが楽しめます。
❸ニュースフィード	ほかの画面を表示中にタップすると、ニュースフィード画面に戻ります。

140

❹友達リクエスト	友達リクエストが届くとここに通知が表示されます。タップすると友達リクエストを受けた相手が一覧表示されます。
❺メッセージ	メッセージを作成して友達に送信したり、届いたメッセージを表示することができます。
❻お知らせ	自分や友達が投稿したりプロフィールを変更したりすると、ここに表示されます。
❼その他	プロフィールの編集公開範囲の変更など、さまざまな設定を行うことができます。
❽ニュースフィード画面	友達や「いいね!」をしたページの投稿が表示されます。
❾近況	近況を投稿できます。画像や位置情報を添付することもできます。
❿写真	写真を選択して、写真についてのコメントを添えて投稿することができます。
⓫チェックイン	スポットに登録されている場所にいるときに使えば、自分のいる場所を友達に知らせることができます。

② ニュースフィード

Facebookでは、■もしくは■をタップすることで、ニュースフィード画面が表示されます。友達の投稿やチェックイン、「いいね!」などの最新情報を閲覧することができ、自分で「いいね!」をしたFacebookページの更新情報も、ニュースフィードで閲覧できます。

画面上部の■をタップすると、すぐにニュースフィードを表示できます。

❸ タイムライン

友達のページや Facebook ページでは、投稿や「いいね!」などの詳細な情報がタイムライン形式で、時系列順に表示されます。特定の友達やグループの投稿だけを見たいときは、それぞれのページからタイムラインを表示するようにするとよいでしょう。ほかの利用者のタイムラインでは、投稿やコメントを行ったり、シェアや「いいね!」をすることも可能です。なお、自分のタイムラインに表示されている「基本データ」では、連絡先や勤務先など、自分の登録している情報を確認できます。

> 特定の友達のプロフィール画面を表示すれば、ニュースフィードに表示されない情報を見る際にも便利です。友達が多くなってきたら、リストを作成して知りたい情報だけを収集することもできます。

> 投稿は、「いいね!」やシェアすることができますが、中には投稿できる人を制限している利用者もいます。投稿をあまり知られたくない人もいるので、投稿範囲には気を付けましょう。

④ メッセージ・お知らせ・友達リクエスト

Facebookのホーム画面からは、アイコンをタップすることでそれぞれのメニューを表示することが可能です。「メッセージ」には友達などとやり取りしたメッセージが一覧表示され、チャットの履歴もここに表示されます。「お知らせ」では、自分の投稿に対して友達が「いいね!」やコメントをした場合など、さまざまな通知を確認することができます。「友達リクエスト」には、自分に届いている友達リクエストの一覧が表示されるほか、共通の友達がいるユーザーなどが「知り合いかも」という欄に表示されるので、ここから友達を探すこともできます。

> メッセージは、プライベートな話をする際に活用しましょう。

> 忙しくてニュースフィードを細かくチェックできないときなどに、自分に関係のある内容だけをすばやく確認できて便利です。

> 不要な友達リクエストをなくしたい場合は、P.194を参考に設定を変更してください。

❺ 近況

「近況」では、自分の現在の状況や気持ちを、タイムラインに投稿することができます。「写真」からはスマートフォンに保存されている画像に、コメントを添えて投稿することができるほか、カメラを起動して撮影した写真をすぐに投稿することも可能です。なお、「近況」からでも写真や自分がいる場所の位置情報を添えて、投稿することができます。「チェックイン」には、今いる場所の近くにあるスポット一覧が表示されます。チェックインしたいスポットをタップして投稿すれば、自分が今いる場所を友達に知らせることができます。

写真や位置情報とコメントを組み合わせれば、臨場感のある魅力的な投稿内容となります。

旅先などでシャッターチャンスに遭遇した際に、すばやくカメラを起動して投稿することができます。

チェックイン機能を利用するためには、スマートフォンの設定で位置情報が「オン」になっている必要があります。

⑥ アクティビティログ

アクティビティログには、投稿に関する「いいね!」や新しい友達との繋がりが表示されます。

P.128手順**1**～**2**を参考に自分のタイムラインを表示します。

1 ＜アクティビティログ＞をタップすると、

2 自分が行った「いいね！」や近況の投稿などの履歴が表示されます。

▶Memo

アクティビティログの項目を絞る

アクティビティログは「自分の投稿」や「写真」など、項目ごとに表示させることができます。手順**1**～**2**を参考に「アクティビティログ」を表示したら、＜フィルタ＞をタップしてください。オプションが表示されるので、任意の項目をタップすればアクティビティログが切り替わります。

手順**1**～**2**を参考に「アクティビティログ」を表示します。

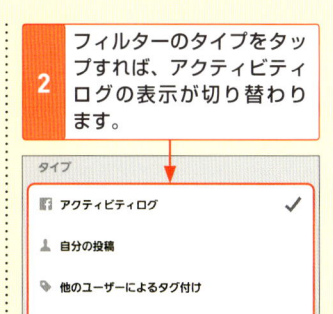

1 ＜フィルタ＞をタップして、

2 フィルターのタイプをタップすれば、アクティビティログの表示が切り替わります。

❼ ヘルプセンター

ヘルプセンターではFacebookに寄せられたさまざまな質問の回答を閲覧することができます。わからないことは、まずここで調べてみましょう。

1 ≡をタップします。

2 <ヘルプセンター>をタップします。

3 入力欄をタップし、キーワードを入力します。

4 候補が表示されるので、該当するものをタップしましょう。

5 質問の解答が表示されるので、参照してみましょう。

▶Memo

求める解答がない場合

「ヘルプセンター」は、Facebookに関するあらゆる質問を網羅しています。それでも該当するものがなければ、Facebookのカスタマーセンターに直接問い合わせることができます。問い合わせは<問題を報告>メニューから行うことができますが、たいていの不明点はヘルプセンターに用意されているので、よく探してから問い合わせましょう。

Facebook編

第2章
Facebookで友達を探そう

Section 06	Facebookに登録している知り合いと友達になろう
Section 07	さまざまな方法で友達を探そう
Section 08	リストで友達を整理しよう
Section 09	友達リクエストに承認しよう

第2章 >> Facebookで友達を探そう

Section 06 Facebookに登録している知り合いと友達になろう

Facebookを利用している知り合いを見つけるには、検索機能を利用しましょう。メールアドレスや名前から検索できるほか、市区町村や学歴などから検索することも可能です。

① メールアドレスで友達を検索する

1 ≡をタップし、

2 <友達を検索>をタップします。

3 <検索>をタップし、

4 入力欄をタップしてメールアドレスを入力したら、<検索>をタップして、

5 表示された名前をタップします。

6 検索したユーザーのタイムラインが表示されます。

▶Memo

ユーザー検索の種類

Facebookのユーザー検索は、メールアドレス以外にも名前で検索することができます。また、名前だけだと候補がたくさん表示されて探すのが大変という場合は、手順**3**の画面から<カテゴリ>をタップすると出身校や出身地から知り合いを探すこともできます。

148

②友達リクエストを送る

P.148を参考に友達になりたいユーザーのタイムラインを表示します。

1 ＜友達になる＞（iPhoneでは＜友達を追加＞）をタップします。

田中花子
[友達になる] [メッセージ]
🏠 出身地: **千葉県 市川市**
写真

2 「友達リクエストが送信されました」（iPhoneでは＜キャンセル＞）に表示が切り替わります。

田中花子
[友達リクエストが送信され...] [メッセージ]
🏠 出身地: **千葉県 市川市**
写真

3 リクエストが承認されたら、友達として登録されます。

田中花子
[✓ 友達] [✓ フォロー中] [メッセージ]
🏠 出身地: **千葉県 市川市**
🎂 誕生日: 1986年10月22日
写真　　友達

▶Memo

リクエスト前にはメッセージを送ろう

友達リクエストを送る前に、あらかじめ相手にメッセージを送ることをおすすめします（Sec.18参照）。Facebookは全世界のユーザーが利用しているので、いくら知り合いとはいっても相手が本人とわからない場合は、リクエストを承認してくれない場合もあるからです。メッセージには挨拶と、相手との関係性がわかる文章を盛り込んでおけば承認されやすくなります。

午後0:22
先週お会いした山田です。
Facebookのページを見つけたので、友達リクエストを送りますね！
送信日: 午後0:22

山田さん！その節はありがとうございました。ぜひお願いします
ウェブから送信

Section 07 さまざまな方法で友達を探そう

第2章 >> Facebookで友達を探そう

Facebookでは検索機能のほかにも、さまざまな方法で友達とつながることができます。ここでは「おすすめ」から友達を探す方法と、友達のプロフィールページから探す方法について解説します。

❶ Facebookのおすすめから友達を探す

1 ≡をタップして、

2 <友達を検索>をタップします。

3 <おすすめ>をタップし、

4 気になるユーザーをタップします。

「知り合いかも」画面が表示されたら、<プロフィールを表示>をタップします。

5 プロフィールやタイムラインの投稿を見て問題なければ<友達になる>（iPhoneでは<友達を追加>）をタップします。

6 「友達リクエストが送信されました」（iPhoneでは「キャンセル」）に表示が切り替わります。

② 友達の友達から探す

1 🗐 をタップして、ニュースフィード画面を表示します。

2 友達の名前をタップしてプロフィールページを開き、

3 <友達>をタップします。

4 そのユーザーの友達が一覧で表示されるので、気になるユーザーを探してタップし、

5 プロフィールやタイムラインの投稿を見て問題なければ<友達になる>（iPhoneでは<友達を追加>）をタップします。

6 「友達リクエストが送信されました」（iPhoneでは「キャンセル」）に表示が切り替わります。

Facebook

第2章 Facebookで友達を探そう

151

第2章 >> Facebookで友達を探そう

Section 08 リストで友達を整理しよう

友達が増えてきたら、リストを使って整理しましょう。Facebookが自動で作成してくれるリストに加え、自分で作成することもできます。なお、iPhoneではアプリからリストを作成することはできません（Sec.32参照）。

① Androidスマホで友達をリストに追加する

1 ≡をタップし、

2 <友達>をタップします。

3 <友達>をタップして、

4 <友達リストを表示>をタップします。

「リストに友達を追加」画面が表示されます。自分で登録したプロフィールに応じて、いくつかのリストがあらかじめ作られています。

5 追加したいリストをタップしていくと、選択している友達がリストに追加されます。

▶Memo

iPhoneで友達をリストに追加する

iPhoneで友達をリストに追加する場合は、手順**3**で友達の名前をタップしてプロフィールページを表示し、プロフィール画像の下の<友達>→<友達リストを編集>をタップして行います。

❷ Androidスマホでリストを作成する

1 ≡をタップします。

2 <友達>をタップします。

3 <友達>をタップして、

4 <友達リストを表示>をタップします。

5 リスト名を入力し、

6 <追加>をタップします。

7 リストが作成されました。

▶Memo

リストの編集／削除

Android版Facebookアプリでは、新たにリストを作ることができますがリスト名の変更や削除を行うことはできません。編集／削除したい場合はブラウザ版Facebookから行いましょう（Sec.32参照）。また、ブラウザ版Facebookでは「近況アップデート」や「写真」など、リストのニュースフィードに表示するコンテンツを設定することができます。特定の項目だけチェックしたいという場合におすすめです。

第2章 ≫ Facebookで友達を探そう

Section 09 友達リクエストに承認しよう

ほかのユーザーから友達リクエストを受け取った場合は、知り合いかどうかを確認してから承認しましょう。承認すると、お互いが友達関係になります。なお、友達リクエストは一旦保留にして、あとで承認することも可能です。

① 友達リクエストを承認する

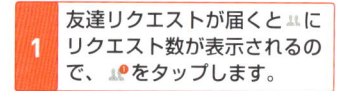

1 友達リクエストが届くと のマークにリクエスト数が表示されるので、 をタップします。

2 承認する友達のプロフィール画像をタップして、

3 ＜プロフィールを表示＞をタップします（iPhoneではこの画面は表示されません）。

4 相手のプロフィールに問題がなければ＜リクエストに応答＞（iPhoneでは＜承認＞→手順 6 へ）をタップして、

5 ＜承認＞をタップすれば、

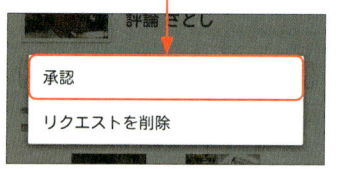

6 友達リクエストが承認されます。

Facebook編

第3章
友達とコミュニケーションをとろう

Section 10	近況を投稿しよう
Section 11	投稿を編集／削除しよう
Section 12	友達の投稿にコメントを付けよう
Section 13	「いいね!」やシェアをしよう
Section 14	友達のプロフィールページを見よう
Section 15	アルバムを作成しよう
Section 16	友達のアルバムを閲覧しよう
Section 17	迷惑なユーザーをブロックしよう
Section 18	友達にメッセージを送信しよう

Section 10 近況を投稿しよう

第3章 >> 友達とコミュニケーションをとろう

Facebookでは、自分の近況をニュースフィードへ投稿して、友達と共有することができます。投稿できるのはテキストだけでなく、現在いる場所のスポット情報や写真なども追加できます。

① 近況を投稿する

1 📰 をタップして、

2 ＜近況＞をタップします。

3 投稿したい内容を入力して、

今日は買い物に行ってきました

4 ＜投稿＞（iPhoneでは＜投稿する＞）をタップすると、

5 フィードに投稿されます。

山田 太郎
たった今
今日は買い物に行ってきました

▶Memo

投稿範囲を指定する

手順 **3** の画面で＜宛先＞をタップすると、投稿範囲を指定することができます。プライベートな内容は、友達や特定のグループだけが見られるように変更しましょう。

❷ 近況に写真を付けて投稿する

1 📁 をタップし、

2 ＜写真＞をタップします。

3 投稿したい写真をタップします（複数選択可能）。

4 写真を選択したら、＜使用する＞（iPhoneでは＜終了＞）をタップします。

5 入力欄をタップし、

6 写真と一緒に投稿したい内容を入力して、

8 ニュースフィードに写真が投稿されます。

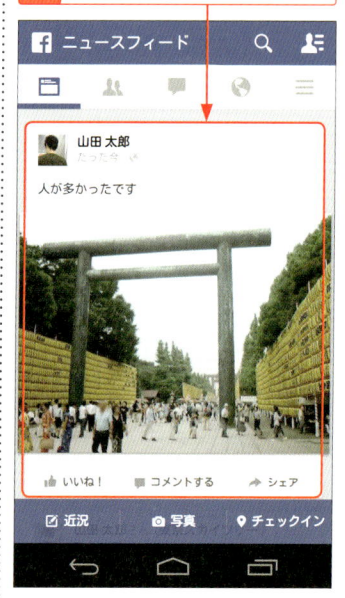

7 ＜投稿＞（iPhoneでは＜投稿する＞）をタップすると、

▶Memo

その場で撮影した写真を投稿する

近況には、保存されている写真だけでなく、その場で撮影した写真や動画を投稿することもできます。写真の場合は■をタップすればカメラアプリが(iPhoneでは をタップし「カメラロール」画面で■をタップ)、動画の場合は■をタップすれば動画カメラが起動します(iPhoneでは、カメラアプリを起動した状態で■を右にドラッグして撮影モードを切り替えます)。

▶Memo

友達タグ

Facebookでは、近況を投稿するときに一緒にいる友達の情報を追加して投稿することができます。タグ付けされたユーザーには通知が届くようになっており、そのユーザーのタイムラインにも投稿が反映されます。

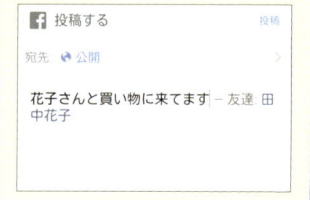

③ 近況にスポット情報を付けて投稿する

P.156手順1〜2を参考に「投稿する」画面を表示します。

1 投稿したい内容を入力したら、📍をタップします。

```
f 投稿する                    投稿
宛先: 🌐 公開                   >

スカイツリーのからの眺めは素晴らし
かったです
```

2 現在地が表示されます。任意の場所を追加したい場合は、入力欄にキーワードを入力して検索しましょう。

```
f 位置情報を追加

🔍 東京スカイツリー

     東京スカイツリー / Tokyo Skytree
     559.5 km・押上1-1-2
     チェックイン652,418件

     東京スカイツリー天望回廊 最高到達点 4...
     559.5 km・押上1-1-2
     チェックイン22,933件

     東京スカイツリー天望デッキ350
     559.5 km・押上1-1-2
     チェックイン14,389件

     ムーミンハウスカフェ 東京スカイツリ...
     559.4 km・押上1-1-2 東京スカイツリータウン...
     チェックイン3,030件

     六厘舎/東京スカイツリータウン ソラマ...
```

3 候補が表示されるので、該当するスポットをタップします。

4 友達をタグ付けする場合は一覧から友達をタップします。しない場合は＜スキップ＞をタップしてください。

```
f 友達をタグ付け              スキップ

🔍 検索                          ×

おすすめ
     田中花子
     森野沙織
```

5 ＜投稿＞（iPhoneでは＜投稿する＞）をタップすると、

```
f 投稿する                    投稿
宛先: 🌐 公開                   >

スカイツリーのからの眺めは素晴らし
かったです —場所: 東京スカイツリー /
Tokyo Skytree
```

近況にスポット情報が付与されます。

6 スポット情報付きの近況が投稿されます。

```
  山田 太郎さん (東京スカイツリー /
  Tokyo Skytree)
  たった今

スカイツリーのからの眺めは素晴らしかったです

[地図]

     東京スカイツリー / Tokyo S...
     ★★★★★
     観光名所

👍 いいね！   💬 コメントする   ➤ シェア
```

Section 11

第3章 ≫ 友達とコミュニケーションをとろう

投稿を編集／削除しよう

投稿は、いつでも編集／削除することができます。編集／削除の方法は、タイムラインまたはニュースフィードで編集／削除したい投稿の右横にあるアイコンをタップして操作を行います。

❶ 投稿内容を編集する

1 編集したい投稿の右横にある をタップします。

2 ＜投稿を編集＞をタップして、

3 入力欄をタップして投稿内容を編集したら、

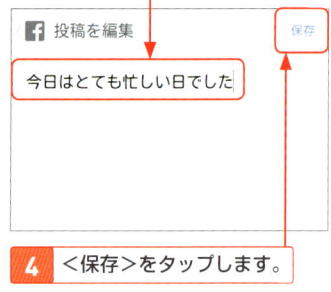

4 ＜保存＞をタップします。

5 編集した内容が投稿されます。

②投稿を削除する

タイムラインまたはニュースフィードを表示します。

1 削除したい投稿の右横にある をタップします。

2 <削除>をタップして、

3 <削除>をタップすると、

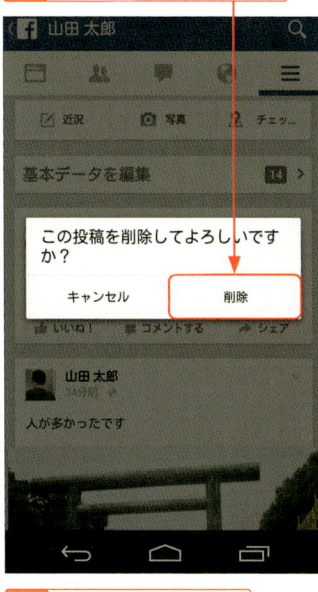

この投稿を削除してよろしいですか？

キャンセル / 削除

4 投稿が削除されます。

Section 12

第3章 友達とコミュニケーションをとろう

友達の投稿にコメントを付けよう

ニュースフィードを見ていて気になる投稿を見つけたら、コメントを付けてみましょう。コメントには文字のほかに画像を添付することもできます。また、友達が自分にコメントしてくれたらコメントを返すこともできます。

① 友達の投稿にコメントする

1 「ニュースフィード」画面をドラッグして気になる友達の投稿を表示し、

2 <コメントする>をタップします。

3 <コメントする>をタップしてコメントを入力し、

久しぶりだね！滞在予定はいつまで？

4 <投稿する>をタップします。

5 コメントが投稿されました。

友達より先に「いいね！」と言いましょう。

山田 太郎
久しぶりだね！滞在予定はいつまで？
たった今 いいね！

▶Memo

コメントを削除する

コメントを削除するには、手順 **5** の画面でコメントを長押しし、<削除>をタップします(iPhoneでは確認画面で再度<削除>をタップします)。

② 自分の投稿に付いたコメントに返信する

1 🌐をタップしてお知らせ一覧を表示し、

2 返信したいコメントのお知らせをタップします。

3 <コメントする>をタップしてコメントを入力し、

4 <投稿>をタップします。

5 コメントが投稿されました。

▶Memo

コメントにいいね!をする

手順 **3**〜**5** の画面で、コメント横に表示された<いいね!>をタップすると、コメントにいいね!をすることができます(Sec.13参照)。いいね!を取り消す場合は、<いいね!を取り消す>をタップします。

Section 13

「いいね!」やシェアをしよう

第3章 >> 友達とコミュニケーションをとろう

友達がFacebookに投稿したコンテンツを見て気に入った場合は、「いいね!」をタップしてみましょう。また、投稿やWebページのリンクをシェアすれば友達にその内容を知らせることができます。

① 投稿に「いいね!」をする

ニュースフィードを表示します。

1 投稿下部にある<いいね!>をタップすると、

2 投稿に対して「いいね!」をしたことが表示されます。

▶Memo

いいね!を取り消したい

コメントするほどではないけれど、共感したという気持ちを表現するときに便利な「いいね!」機能。間違って「いいね!」をタップしてしまった場合は、再度「いいね!」をタップすると取り消すことができ、合わせて「いいね!」をした相手への通知も削除されます。

❷ 投稿をシェアして他の友達に知らせる

1 シェアしたい投稿の＜シェア＞をタップします（iPhoneの場合は、続けてシェアする範囲を選択します）。

4 「シェア」した投稿内容が表示されます。

「シェア投稿」画面が表示されます。

2 入力欄をタップしてコメントを入力したら、

3 ＜投稿＞（iPhoneでは＜投稿する＞）をタップします。

▶Memo

Webページを「いいね!」「シェア」する

Facebook以外のWebページに「いいね!」や「シェア」のボタンがある場合は、タップすることで自分のニュースフィードやタイムラインにリンクを共有することができます。ただし、アプリ間の連携がうまくいっていないとAndroid版Facebookアプリに上手く反映されない場合もあるので注意しましょう。

第3章 >> 友達とコミュニケーションをとろう

Section 14 友達のプロフィールページを見よう

友達のプロフィールはタイムラインから確認することができ、「基本データ」からは、詳細を確認することができます。また、友達のタイムラインにはコメントや写真なども投稿できます。

① 友達のプロフィールページを見る

1 ≡ をタップします。

2 自分の名前をタップしてタイムラインを表示します。

3 <友達>をタップします。

4 プロフィール（タイムライン）を見たい友達をタップします。

▶Memo

友達を検索する

友達がたくさんいて、目的の友達を見つけれない場合は、「友達リストを検索」にキーワードを入力して検索することができます。

| 5 | <基本データ>をタップすると、 |

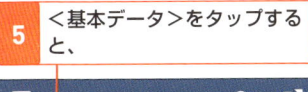

友達のタイムラインが表示されます。

| 7 | 友達のタイムラインで<友達>をタップすると、 |

| 6 | より詳細なプロフィールを見ることができます。 |

| 8 | 友達の友達などを確認することができます。 |

▶Memo

共通の友達とは

手順 7 〜 8 で友達の友達を表示すると、「共通の友達」と表示される場合があります。共通の友達とは、友達と自分双方に共通している友達のことを指します。

Section 15 アルバムを作成しよう

第3章 ≫ 友達とコミュニケーションをとろう

写真をまとめて友達に公開したい場合は、「アルバム」を利用するとよいでしょう。アルバムは複数作成することができ、たくさんの写真をかんたんに整理できます。また、アルバムごとに公開範囲の設定ができます。

① アルバムを作成する

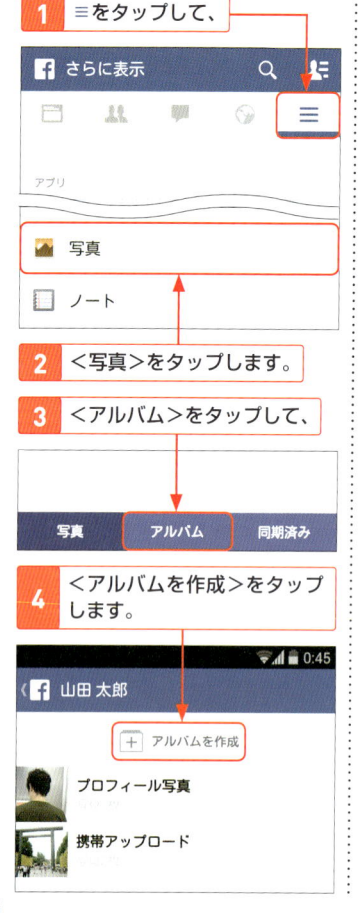

1. ≡をタップして、
2. <写真>をタップします。
3. <アルバム>をタップして、
4. <アルバムを作成>をタップします。
5. 「アルバムの名前」と「説明」を入力して、
6. <作成>をタップすると、
7. アルバムが作成されます。

❷ 写真をアップロードする

1 P.168手順 1～3 を参考に、アルバムの一覧を表示します。

2 作成したアルバムをタップして、

3 ＜写真を追加＞をタップします。

4 アップロードしたい写真をタップして選択したら（複数選択可能）、

5 ＜使用する＞をタップします。

6 入力欄をタップしてコメントを入力し、

7 ＜投稿＞をタップすると、

8 アルバムに写真がアップロードされます。

第3章 >> 友達とコミュニケーションをとろう

Section 16 友達のアルバムを閲覧しよう

友達がアップロードした写真などは、友達のアルバムに保存されています。写真の設定が「公開」や「友達」になっている場合には、この写真を閲覧することができます。

❶ 友達の写真アルバムを閲覧してコメントする

P.166手順❶~❹を参考に友達のタイムラインを表示します。

1 <写真>をタップします。

2 <アルバム>タブをタップし、

3 見たいアルバムをタップします。

アルバム内の写真一覧が表示されます。

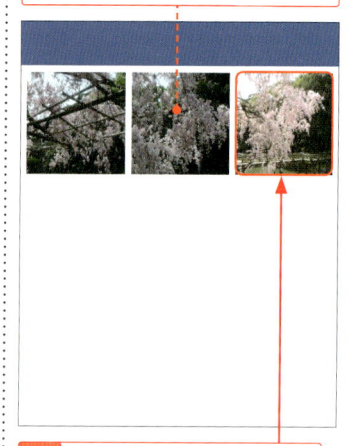

4 見たい写真をタップすると、

▶Memo

写真アルバムに「いいね!」をする

友達の写真アルバムの写真には、コメント以外に「いいね!」をすることもできます。P.171手順❺の画面で👍をタップすると、写真に「いいね!」が反映されます。

170

5 写真が表示され、下部にアルバム作成者のコメントなどが表示されます。

しだれ桜がきれいでした

6 コメントをしたい場合は、🗨をタップします。

7 入力欄をタップしてコメントを入力し、

友達より先に「いいね！」と言いましょう。

コメントなし

とてもきれいですね　　投稿する

8 ＜投稿する＞をタップします。

9 友達の写真にコメントが投稿されました。

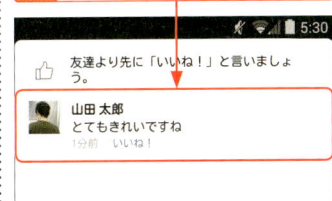

友達より先に「いいね！」と言いましょう。

山田 太郎
とてもきれいですね
1分前　いいね！

10 コメントがある場合は、画面下部にコメント件数が表示されます。コメントを参照したい場合は、＜コメント○件＞をタップすれば、コメント欄が表示されます。

しだれ桜がきれいでした

コメント1件

Facebook

第3章　友達とコミュニケーションをとろう

第3章 ≫ 友達とコミュニケーションをとろう

Section 17 迷惑なユーザーをブロックしよう

スパムなどの迷惑な利用者と友達になってしまったら、その利用者を制限リストに登録します。制限リストに登録された人は、プロフィールや公開された投稿以外は閲覧することができなくなります。なお、iPhoneでは利用できません。

❶ 友達を制限リストに登録する

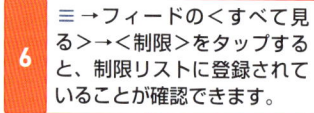

1 ≡ をタップします。

2 <友達>をタップします。

3 制限リストに登録したい友達の右横の<友達>をタップして、

4 <友達リストを表示>をタップします。

5 <制限>リストをタップしてチェックを付け、

6 ≡→フィードの<すべて見る>→<制限>をタップすると、制限リストに登録されていることが確認できます。

172

② 制限リストから削除する

1 ≡をタップします。

![さらに表示画面]
- アプリ
- ゲーム
- **友達**
- 写真
- ノート
- Poke

2 ＜友達＞をタップします。

3 制限リストから削除したい友達の右横の＜友達＞をタップして、

友達を検索
- リクエスト／連絡先／検索／カテゴリ／友達

友達
- 田中 花子　共通の友達1人　［友達］

友達リストを表示

友達から削除

4 ＜友達リストを表示＞をタップします。

5 ＜制限＞リストをタップしてチェックを外すと、

知り合い
- 東京　✓
- 神奈川大学
- 杉並区地域
- 家族
- 飲み仲間　✓
- **制限**

新しいリスト　［追加］

制限リストから友達が削除されました。ただし、リストから解除されても、解除する以前の投稿は制限リストに表示されてしまいます。

▶Memo

制限リスト登録後の投稿

制限リストに登録後は、以降の近況の公開範囲を＜友達＞に指定して投稿すれば、制限リストに入っている友達に投稿が見られることはありません。ただし、公開範囲を＜公開＞にして投稿してしまうと、制限リストに登録している友達にも表示されてしまいます。P.135の「投稿時の公開範囲を指定する」を参考に＜プライバシー設定＞でデフォルトの共有範囲を＜友達＞に設定しておくと、その都度設定する必要がないので便利です。

第3章 >> 友達とコミュニケーションをとろう

Section 18 友達にメッセージを送信しよう

アプリ版Facebookのメッセージ機能は、「Messenger」アプリと連携して使用します。メッセージ機能では、友達と直接連絡を取ることができ、写真の添付や、届いたメッセージに簡単に返信することもできます。

① 友達にメッセージを送信する

1. 💬 をタップしてメッセージ画面を表示します。

2. <新規メッセージ>（iPhoneでは<メッセージ>）をタップします。

3. 「宛先」に友達の名前を指定して、

4. 入力欄をタップしてメッセージを入力したら、

5. ➤（iPhoneでは<送信>）をタップして送信します。

6. 友達にメッセージが送信されました。

▶ Memo

メッセージとチャットの違い

メッセージは相手がオフラインでも利用でき、友達以外の相手ともやりとり可能です。チャットは相手がオンライン状態かつ友達である場合にしか利用できませんが、複数の友達と同時にやり取りできます。手順3で名前を入力したときに表示される候補の中で、● が付いている友達がオンライン状態です。

❷ メッセージを返信する

1 メッセージが届くと💬に届いたメッセージ数が表示されます。💬をタップして、

2 受信したメッセージをタップし、

3 入力欄をタップしてメッセージを入力したら、

4 受信したメッセージをタップし、

5 ➤ をタップして送信します。

6 メッセージが送信されました。

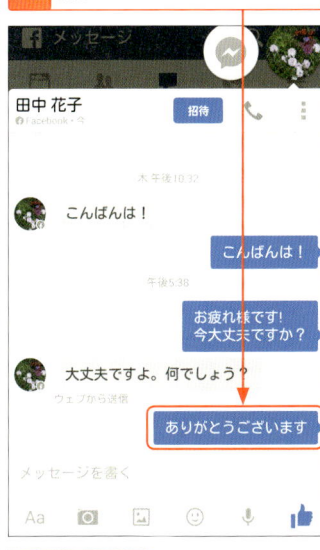

▶Memo

メッセージの開封時間を確認する

友達にメッセージを送信した直後は、自分の送ったメッセージの下に送信した時間が表示されます。友達がメッセージを確認すると、メッセージを確認した時間が表示されます。

③ メッセージに写真を添付する

P.174手順 1 ～ 2 を参考に「新しいメッセージ」画面を表示します。

1 「宛先」に友達の名前を指定して、

く 新しいメッセージ

宛先: 田中花子

田中花子 ✓

2 をタップしたら、

3 送信したい写真をタップし、中心のアイコンをタップします。

4 写真が送信されました。

田中 花子
こんばんは！
こんばんは！
お疲れ様です！今大丈夫ですか？
大丈夫ですよ。何でしょう？
ありがとうございます

送信した写真をタップすると、写真を大きく表示することができます。

▶Memo

メッセージを削除する

メッセージを長押しし＜削除＞→＜メッセージを削除＞（iPhoneでは＜削除＞）をタップすると削除することができます。なお、相手の画面からはメッセージが削除されないので、覚えておきましょう。

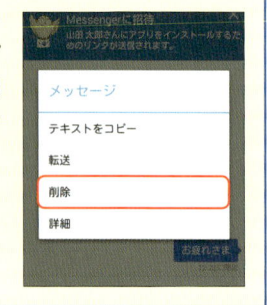

Facebook 編

第4章
グループでコミュニケーションしよう

Section 19	グループに参加しよう
Section 20	グループを利用しよう
Section 21	グループを作成・編集しよう
Section 22	イベントを利用しよう

Section 19 グループに参加しよう

第4章 ≫ グループでコミュニケーションしよう

特定の利用者のみが参加できるグループ機能を利用すると、グループ内だけで投稿や写真を共有したり、仲のよい友達との交流を深めることができます。まずは、グループに参加してみましょう。

❶ 招待されたグループに参加する

1 グループの招待が届くと🌐にお知らせ数が表示されるので、🌐をタップし、

2 「お知らせ」が表示されたら、招待のお知らせをタップします。

田中 花子さんがあなたを非公開グループ「飲み仲間」に追加しました。
たった今

田中 花子さんが写真を追加しました:「ひまわり畑は圧巻でした」
1時間前

田中 花子さんが投稿しました:「今日は最高気温更新だったそうですね。暑くて頭が煮え立ちそうでした。」
17時間前

田中 花子さんがあなたの友達リクエストを承認しました。田中 花子さんのタイムラインに書く
昨日 23:35

3 グループの投稿が表示されます。

飲み仲間
非公開グループ

田中 花子さんがグループを作成しました。
たった今

▶Memo

グループの最大人数と公開範囲

Facebookのグループは基本的に少人数を対象としていますが、追加できる人数に制限はありません。また、グループ作成時には「公開」「非公開」「秘密」の中から公開範囲を指定することができます。

② 参加したグループを表示する

1 ≡をタップして、「さらに表示」画面を表示します。

2 「グループ」項目に、参加しているグループが表示されます。

3 表示したいグループ名をタップすると、グループの投稿が表示されます。

▶Memo

グループで利用できる機能

グループに参加すると、通常の「ニュースフィード」ページと同様にグループ内に投稿（P.182参照）できることはもちろん、管理者以外のメンバーらもいくつかの機能を利用することができます。＜ディスカッション＞ではグループの情報やタイムラインの確認、＜メンバーを追加＞または＜メンバー○人＞はメンバーの確認や追加、＜イベント＞ではイベントの確認（P.190～P.192参照）、＜写真＞ではグループに投稿された写真やアルバムの閲覧や投稿（P.183参照）、＜ファイル＞ではファイルの確認や共有、ドキュメントの閲覧（P.184参照）などが行えます。

③ 友達をグループに追加する

1 友達を追加したいグループを表示して、■をタップし、

2 <メンバーを追加>をタップして、

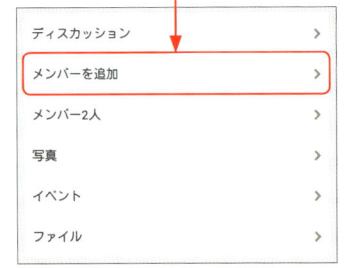

3 入力欄に追加したい友達の名前を入力して、

4 <検索>をタップします。

5 表示される候補の右横にある<追加>をタップすると、

6 友達がグループに追加されます。なお、グループの設定によっては、管理人の承認が必要となる場合があります。

▶Memo

グループのメンバーを確認する

手順**2**の画面で<メンバー○人>をタップすると、グループに登録されているメンバーの一覧を確認することができます。

❹ グループのお知らせ設定を変更する

1 お知らせ設定を変更したいグループの投稿を表示して、▶をタップし、

2 ＜お知らせ機能の設定＞をタップします。

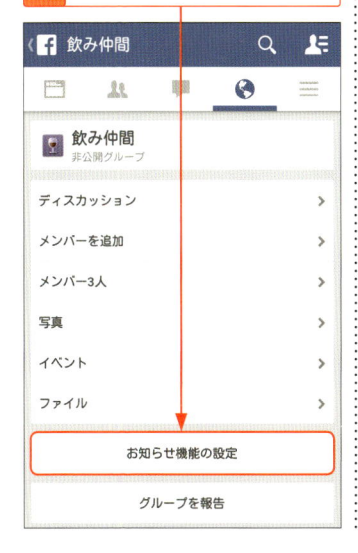

3 通知を受け取りたい投稿の設定をタップしてチェックを入れ、

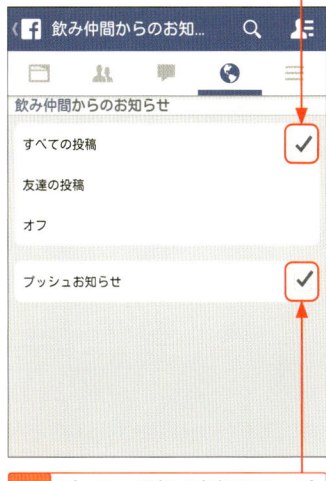

4 プッシュ通知の有無をタップして選択すると、お知らせ設定が変更されます。

▶Memo

お知らせ設定をオフにする

手順3でお知らせ設定の有無の＜オフ＞をタップすると、グループに投稿された場合でも通知が届かなくなります。また、手順4で＜プッシュお知らせ＞にチェックが入っていると、グループに投稿された場合などにFacebookアプリを起動していなくてもお知らせの通知が画面に表示されます。不要の場合は必ずチェックを外しておきましょう。

Section 20 グループを利用しよう

第4章 >> グループでコミュニケーションしよう

グループに参加できたら、さっそく投稿してみましょう。公開範囲は、グループ内のみに設定されています。投稿の際の位置情報などの設定は、通常の投稿と同じ方法で設定することができます。

① グループに投稿する

1 グループの投稿を表示したら、＜Post＞（iPhoneでは＜投稿する＞）をタップします。

2 投稿したい内容を入力して、

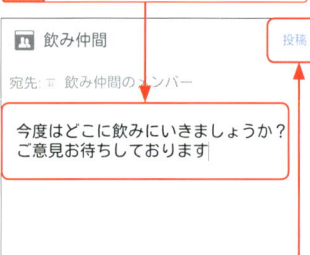

今度はどこに飲みにいきましょうか？
ご意見お待ちしております

3 ＜投稿＞（iPhoneでは＜投稿する＞）をタップすると、

4 グループに投稿されます。

▶Memo

グループメニューから投稿する

グループへの投稿は、グループのトップ画面以外に、グループメニューからも投稿することができます。まずは ▶ をタップし、グループメニューを表示します。＜ディスカッション＞→＜投稿する＞の順にタップすると、「投稿する」画面に切り替わります。あとは手順 **2** ～ **4** を参考に投稿しましょう。

② グループに写真を投稿する

1. グループの投稿を表示したら、＜Photo＞（iPhoneでは＜写真＞）をタップします。

2. 投稿したい写真をタップしたら、

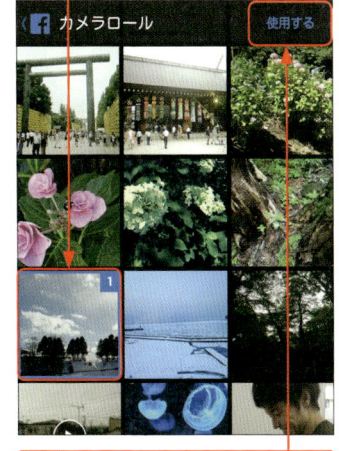

「カメラロール」が表示されます。

3. ＜使用する＞（iPhoneでは＜終了＞）をタップします。

4. 入力欄をタップし、写真と一緒に投稿したい内容を入力したら、

5. ＜投稿＞（iPhoneでは＜投稿する＞）をタップすると、

6. グループに投稿されます。

第4章 グループでコミュニケーションしよう

183

❸ ドキュメントを閲覧する

1 グループの投稿を表示して、 ▶ をタップし、

2 <ファイル○件>をタップして、

3 閲覧したいドキュメントをタップすると、

4 ドキュメントの詳細が表示されます。

▶Memo

ドキュメントにコメントする

アプリ版Facebookではドキュメントを作成することはできませんが、パソコンのブラウザ版Facebookで作成されたドキュメント(Sec.33参照)の内容を確認することは可能です。また、ドキュメントにはコメントをすることもできます。手順**4**でドキュメントの詳細を表示したら、入力欄をタップしてコメントしたい内容を入力し、<送信>をタップすればコメントが反映されます。

④ グループを退会する

1 グループの投稿を表示して、**>** をタップし、

2 ＜グループを退会＞をタップして、

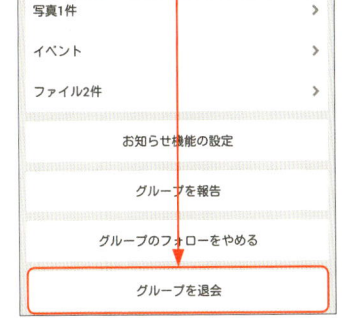

3 再びグループに追加されるのを防ぎたい場合は、＜これを選択すると～＞をタップしてチェックを入れ、

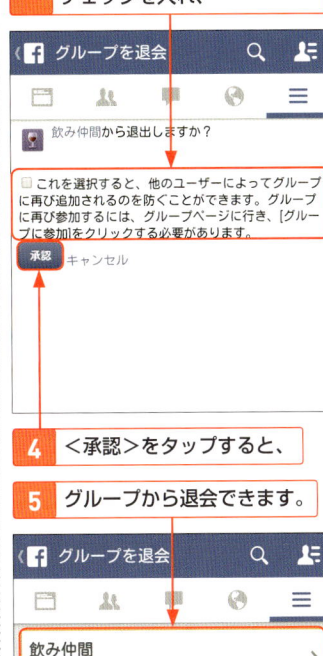

4 ＜承認＞をタップすると、

5 グループから退会できます。

▶Memo

グループを退会すると……

グループを退会し、再び同じグループに参加したい場合、そのグループを検索し、＜グループに参加＞をタップし、参加リクエストを送信して管理人の承認を受ける必要があります。友達ではない利用者が管理人となっている場合は、一度退会してしまうと再び参加させてもらえるとは限らないので、誤って退会しないよう注意しましょう。

Section 21

グループを作成・編集しよう

第4章 » グループでコミュニケーションしよう

すでに存在しているグループに参加するだけでなく、自分で好きなグループを作成することができます。仲のよい友達に限定したグループを作成するなど、オリジナルのグループを作成してみましょう。

① グループを作成する

1 ≡をタップして、

2 <グループを作成>をタップします。

3 「グループ名」を入力して、

4 「プライバシー」から公開範囲(ここでは<公開>)をタップしたら、

5 <次へ>(iPhoneでは<作成>)をタップします。

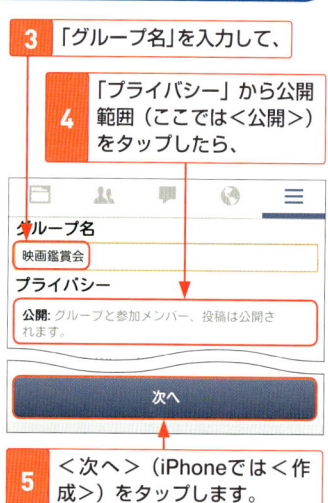

▶Memo

管理人を追加する

グループを作成したユーザーには、管理人権限が与えられます。管理人になったユーザーは、メンバーの削除やメンバー追加の承認、グループの説明や設定などを行うことができます。ただし、一旦グループを退会してしまうと管理人権限は失われます。退会する前には、必ず次の管理人を設定しておきましょう。管理人の追加はグループを表示して、>→<メンバー○人>の順にタップしてグループメンバーを表示したら、メンバー名の右にある♣→<管理者にする>の順番にタップすれば、管理人を追加できます。

6 グループのアイコンとして設定するアイコンをタップして選択し（iPhoneでは手順**3**の画面で設定します）、

9 ＜選択済みを追加＞（iPhoneでは＜終了＞）をタップすると、

10 新しいグループが作成されます。

7 入力欄をタップして、追加したい友達の名前を入力し（iPhoneでは追加したい友達の名前をタップしてチェックを入れ）、

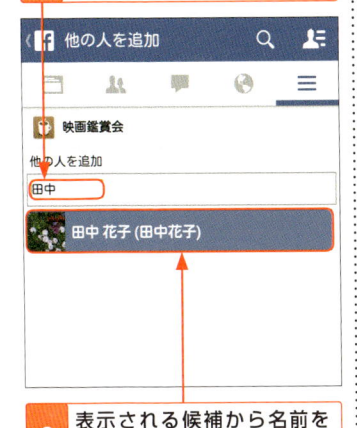

8 表示される候補から名前をタップして選択して、

> **▶Memo**
>
> **作成したグループにメンバーを追加する**
>
> グループを作成するときにメンバーを追加することができますが、作成後にメンバーを追加することもできます。友達を追加したいグループを表示して ＞→＜メンバーを追加＞をタップし、友達の名前を入力して追加しましょう（P.180参照）。

第4章 グループでコミュニケーションしよう

② グループの設定を編集する

1 設定を編集したいグループを表示したら、>をタップして、

2 <グループの設定を編集>をタップします。

3 「グループ名」や「プライバシー」、「メンバー承認」や「詳細」などの項目を編集・設定し、

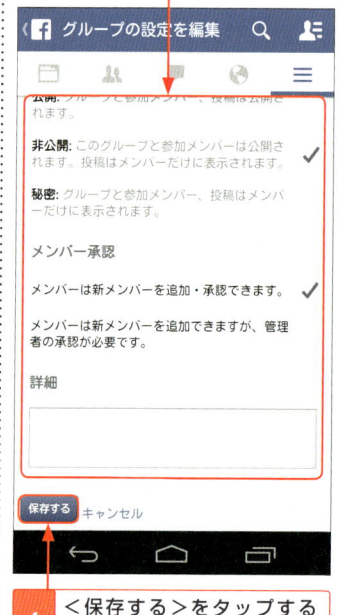

4 <保存する>をタップすると、設定が変更されます。

▶Memo

グループ設定の注意点

グループ設定の編集ができるのは、グループを作成した管理人、または管理人に追加されたユーザーだけが行うことができます。管理人の追加方法は、P.186のMemoを参照してください。

③ メンバーを削除する

1 グループを表示したら、>をタップして、

2 <メンバー○人>をタップします。

3 削除したいメンバーの右横の🔧をタップし、

4 <削除>をタップして、

5 <OK>をタップすると、メンバーが削除されます。

> **▶Memo**
>
> **グループのフォローとは**
>
> グループをフォローすると、グループから投稿があった場合にニュースフィードに表示することができます。フォローを外したい場合は、グループを表示して>をタップし、<グループのフォローをやめる>をタップすればフォローを外すことができます。フォローを外してもグループを退会するわけではありません。

Section 22

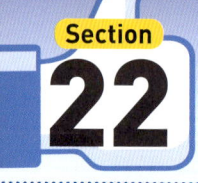

第4章 >> グループでコミュニケーションしよう

イベントを利用しよう

食事会や誕生日会などのイベントを企画して友達を招待したり、友達が企画したイベントに参加したりできます。イベントを作成するときは、イベントの内容や開催場所など、詳細が設定できます。

① 招待されたイベントに参加する

1 イベントの招待が届くと🌐にお知らせ数が表示されるので、🌐をタップし、

2 招待のお知らせをタップすると、

3 イベントの詳細が表示されます。

4 内容を確認して＜参加する＞をタップすると、

5 主催者に参加予定である旨が通知されます。

② イベントを作成し友達を招待する

1 ≡をタップして、

2 <イベント>をタップします。

3 <+>をタップして(iPhoneでは<作成する>)、

4 <名前>にイベント名、<詳細>にイベントの内容を入力し、

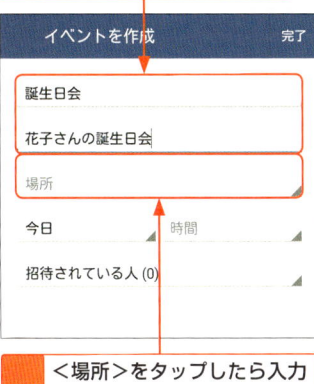

5 <場所>をタップしたら入力欄をタップしてキーワードを入力して、

6 表示された候補から該当するスポットをタップします。

第4章 グループでコミュニケーションしよう

7
<今日>(iPhoneでは<日時>)をタップしたら、開催年月日を設定して<OK>(iPhoneでは<完了>)をタップします。

誕生日会

2014年9月25日(木)

2013	8	24
2014	9	25
2015	10	26

キャンセル　　　OK

8
<時間>をタップしたら、時間を設定して<OK>をタップします。

誕生日会

時刻設定

午前	6	59
午後	7 :	00
	8	01

クリア　　　OK

9
手順 6 ～ 8 を参考に、同じようにして終了日時も設定します。

10
<招待されている人>をタップし、招待したい友達をタップしてチェックを入れ、

f 友達を招待　　　完了

田中花子　森野沙織

おすすめ
- ✓ 田中花子
- ✓ 森野沙織

11
<完了>(iPhoneでは<終了>)をタップします。

12
<プライバシー>をタップして、イベントの公開範囲をタップしたら、

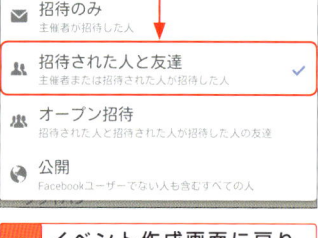

このイベントの共有範囲

- ✉ 招待のみ
  主催者が招待した人
- 👥 招待された人と友達 ✓
  主催者または招待された人が招待した人
- 👥 オープン招待
  招待された人と招待された人が招待した人の友達
- 🌐 公開
  Facebookユーザーでない人も含むすべての人

13
イベント作成画面に戻り、<完了>(iPhoneでは<終了>)をタップすればイベントが作成され、招待した友達にお知らせが届きます。

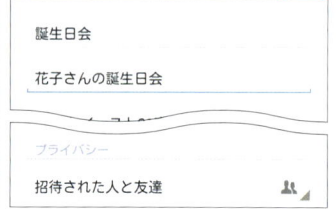

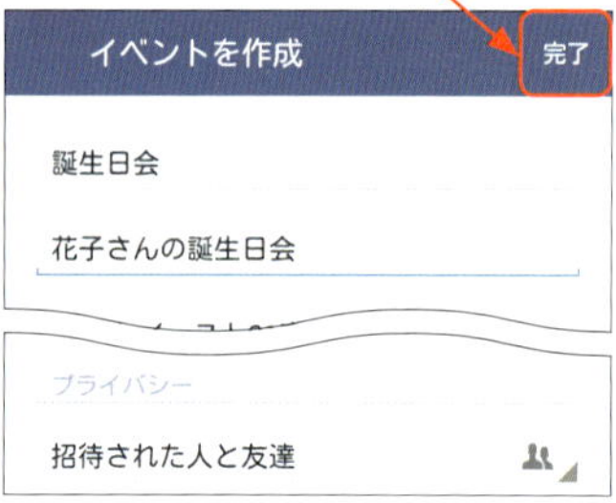

イベントを作成　　　完了

誕生日会

花子さんの誕生日会

プライバシー

招待された人と友達　　👥

Facebook 編

第5章

FacebookのQ&A

Section 23	不要な友達リクエストをなくすには?
Section 24	メールによる通知を停止したい!
Section 25	公開範囲はどこまで設定すればよい?
Section 26	Facebookアカウントを解除したい!

第5章 >> FacebookのQ&A

Section 23 不要な友達リクエストをなくすには?

友達リクエストは、初期設定ではFacebookユーザー全員から受信できる状態になっています。友達リクエストの受信を知り合いからのみに限定したい場合は、「つながりの設定」画面から設定を変更しておきましょう。

① 知り合いからのみ友達リクエストを受け取る

1 ≡をタップして、

2 <アカウント設定>(iPhoneでは<設定>)をタップします。

3 <プライバシー>をタップします。

「つながりの設定」が表示されます。

4 <私に友達リクエストを送信できる人>をタップします。

▶Memo

友達以外からのメッセージ通知を受け取りたくない

手順**4**の画面から<受信箱にメッセージを受け取る相手>→<絞り込み>の順にタップすると、主に友達からのメッセージのみを受け取るようになります。友達以外の人からのメッセージは「その他」フォルダに入れられ、通知は受け取りません。

5 <友達の友達>をタップしてチェックを入れると、

6 友達リクエストの受信が「友達の友達」までに変更されます。

▶Memo

不要な友達リクエストをなくす予防策

P.194～P.195手順1～5までで紹介した設定以外にも、予防策として自分の投稿の共有範囲を変更しておくとよいでしょう。自分の投稿を見て興味を持った人が、リクエストを送信してくる可能性もあるためです。投稿の共有範囲(公開範囲)の変更は、P.135を参考に行います。ただし、設定変更後の投稿については共有範囲が選択した範囲に変更されますが、それ以前の投稿に関しては反映されません。以前の投稿を見られたくない場合は、P.194手順4の画面から<友達の友達とシェア～>→<共有範囲を変更>→<承認>の順にタップすれば、過去の投稿範囲が変更されます。ただし、変更後に元に戻したい場合は各投稿の共有範囲を個別に設定し直す必要があるので慎重に行いましょう。

Section 24 メールによる通知を停止したい!

第5章 >> FacebookのQ&A

友達の投稿や友達リクエストが届いた場合などは、Facebookに登録しているメールアドレス宛に通知メールが送信されます。通知メールを受け取りたくない場合は、設定を変更しておきましょう。

① メールアドレスの通知設定をする

初期設定では、自分のFacebookアカウントに主要なアクションがあった場合は、すべてメール通知が送信されるように設定されています。

FacebookでTarouさんの写真をチェック

1 ≡をタップして、

2 <アカウント設定>(iPhoneでは<設定>)をタップします。

3 <お知らせ>をタップします。

▶Memo

メール通知を一括で変更したい

メール通知は、各項目ごとに細かく設定することができます。ただし、すべてのメールが不要な場合でも、Facebookアプリでは一括で設定を変更することができません。パソコンのブラウザ版Facebookでは一括での設定が可能なので、1つ1つ手動で行うのが面倒な場合は、パソコンで設定を行いましょう。

4 ＜メールによるお知らせ＞をタップします。

＜ Facebook プッシュお知らせ

- 投稿にタグ付けされたとき ✓
- Poke
- 親しい友だちリストのアクティビティ ✓
- グループの投稿やコメント ✓
- ギフト ✓
- 誕生日のリマインダ ✓
- 保留中のアクティビティ ✓
- アプリの招待 ✓

メールのお知らせを管理

メールによるお知らせ

5 メール通知を変更したい項目をタップします（ここでは、＜Facebook＞を選択）。

＜ Facebook お知らせの設定

- メールの頻度　　　　　毎回

お知らせを管理

- **Facebook**
- 写真
- グループ
- Facebookページ
- イベント
- クエスチョン
- ノート
- リンク

6 不要な通知の右横にあるチェックをタップして外せば、次回からメール通知が送信されなくなります。

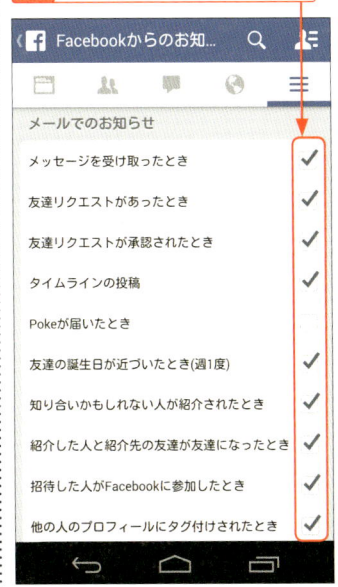

＜ Facebook Facebookからのお知...

メールでのお知らせ

- メッセージを受け取ったとき ✓
- 友達リクエストがあったとき ✓
- 友達リクエストが承認されたとき ✓
- タイムラインの投稿 ✓
- Pokeが届いたとき
- 友達の誕生日が近づいたとき(週1度) ✓
- 知り合いかもしれない人が紹介されたとき ✓
- 紹介した人と紹介先の友達が友達になったとき ✓
- 招待した人がFacebookに参加したとき ✓
- 他の人のプロフィールにタグ付けされたとき ✓

▶Memo

重要なメール以外は受け取らないようにする

Androidアプリ版で手順5の画面から＜メールの頻度＞→＜重要なアップデートと概要メールのみ受け取る＞の順にタップすると、重要なお知らせ以外の通知メールは送られてこなくなります。「メール通知の頻度を減らしたいが、個別に設定するのは面倒くさい」という場合は、この方法で設定を変更するとよいでしょう。

Section 25

第5章 >> FacebookのQ&A

公開範囲はどこまで設定すればよい?

Facebookの公開範囲をあらかじめどこまで設定しておくかはユーザーの判断に一任されています。個人情報の観点から、どこまでの情報を公開するかをじっくり考えてみることが大切です。

① プロフィールの公開範囲を変更する

Facebookでは、ユーザーの任意で居住地、勤務先、学歴、血液型や趣向などのプロフィールを設定することができます(Sec.03参照)。友達や知り合いからも検索しやすくなる反面、全世界のFacebookユーザーに個人情報が公開されるというデメリットもあるということを忘れてはいけません。プロフィールの公開範囲は、「基本データ」画面で<基本データ>(iPhoneでは<○○さんのその他の情報>)→各項目の右横に表示されている<編集>の順にタップして変更します。公開範囲は4種類から設定でき、「その他のオプション」をタップすると、リストでの公開範囲を設定することができます。

> 自分のタイムラインを表示し、<基本データ>をタップして、プロフィールの各項目の公開範囲を見直してみましょう。

> 公開範囲についての詳細はP.136のMemo「つながりの設定」の公開範囲」を参照してください。

❷ 投稿の公開範囲を変更する

近況や写真を投稿する際には、その都度手動で投稿の共有範囲を設定することもできますが、投稿時に自動で共有範囲を設定することも可能です。「さらに表示」画面から＜アカウント設定＞→＜プライバシー＞→＜今後の投稿の共有範囲＞の順にタップして設定しましょう（詳細は P.135 を参照）。また、自分のタイムラインにほかのユーザーが投稿・タグ付けできる共有範囲も設定することができます（詳細は P.137 を参照）。

> 共有範囲を「友達」に設定しておけば、自分の投稿内容が知らない人に見られる心配はありません。

❸ 検索・リクエストの公開範囲を変更する

Facebook の初期設定では、すべてのユーザーが自分のメールアドレスで検索できるように設定されています。そのため、メールアドレスを知っている人には自分のアカウントがわかってしまいます。メールアドレスを利用して検索できるユーザーを制限したい場合は、「さらに表示」画面から＜プライバシー＞→＜メールアドレスを使って私を検索できる人＞の順にタップして、設定を変更します（詳細は P.136 を参照）。また、友達リクエストを送信できるユーザーを制限したい場合は、Sec.23 を参照して設定の変更を行ってください。

> 公開範囲の設定は、友達や知り合い以外からの検索・リクエストを避けたい場合にも有効です。

Section 26

第5章 >> FacebookのQ&A

Facebookアカウントを解除したい!

やむを得ない事情などで、Facebookアカウントを一時的に停止したいという場合は、アカウントの利用解除申請を行うことでアカウントを一時停止することができます。解除後は好きなタイミングで再開することも可能です。

① アカウントの解除申請を行う

1 ≡をタップして、

2 <アカウント設定>（iPhoneでは<設定>）をタップします。

3 <一般>をタップします。

4 <利用解除>をタップします。

5 Facebookパスワードを入力して、

6 <次へ>をタップします。

7 アンケート項目を入力したら、

8 <利用解除>をタップすると、アカウントが解除されます。

Facebook 編

第 **6** 章

パソコンで Facebookを使おう

Section 27	パソコンからFacebookにアクセスしよう
Section 28	Facebookに登録している知り合いと友達になろう
Section 29	近況を投稿しよう
Section 30	「いいね!」をしよう
Section 31	ニュースフィードを見やすくしよう
Section 32	リストを管理しよう
Section 33	グループにドキュメントをアップロードしよう
Section 34	知り合いを友達から削除しよう

第6章 >> パソコンでFacebookを使おう

Section 27 パソコンからFacebookにアクセスしよう

Facebookは一度アカウントを作成しておけば、ほかのデバイスでも同じアカウントを利用してアクセスすることができます。また、パソコンのブラウザ版ではスマートフォンのアプリ版よりも細かい設定変更を行うことができます。

1 Internet ExplorerからFacebookにアクセスする

1 デスクトップから＜Internet Explorerのショートカット＞をダブルクリックして、Internet Explorerを起動します。

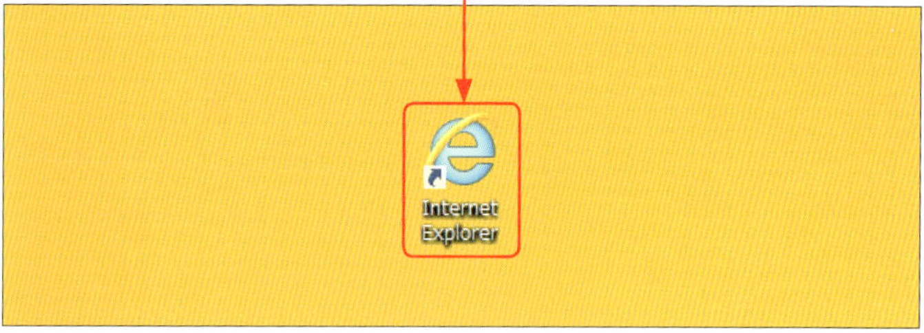

2 Facebookのトップページ「http://www.facebook.com/」をアドレスバーに入力し、Enterキーを押します。

3 「メールまたは携帯番号」にFacebookアカウントに設定しているメールアドレス、または携帯番号を、「パスワード」にFacebookパスワードを入力して、

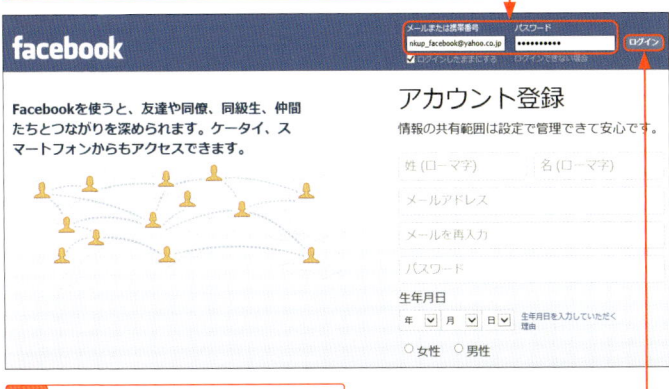

4 <ログイン>をクリックします。

5 Facebookにログインすると、ホーム画面が表示されます。

 FAまたは<ホーム>をクリックすると、どの画面からでもホーム画面に戻れます。

▶Memo

Facebookアプリとの違い

パソコンのブラウザ版Facebookでは近況の投稿や友達の検索など、多くの作業をホーム画面から行うことができて便利です。また、ニュースフィードに表示される投稿の表示順序を変更するなど一部、アプリ版よりも細かい設定が可能となっています。普段はスマートフォンでニュースフィードの閲覧や近況の投稿を行い、グループ作成などの作業はパソコンで行う、といった使い分けをするとよいでしょう。

Section 28

第6章 >> パソコンでFacebookを使おう

Facebookに登録している知り合いと友達になろう

Facebookを利用している知り合いを見つけるには、検索機能を利用しましょう。アプリ版と同じく、ブラウザ版もメールアドレスや名前から検索できるほか、市区町村や学歴などから検索することも可能です。

① メールアドレスで検索する

1 ホーム画面でページ上部の検索バーに知り合いのメールアドレスを入力すると、

2 検索結果の候補が表示されます。

3 表示された名前をクリックします。

4 タイムラインが表示されます。

5 つながりのある友達だと判断できる場合は<友達になる>をクリックすると、

6 「友達リクエスト送信済み」に変わり、知り合いに友達申請が送信されます。

204

❷ 名前で検索する

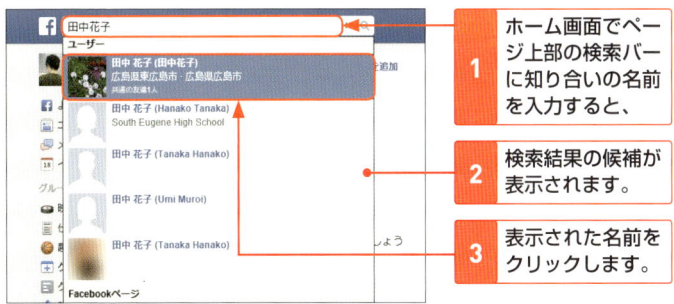

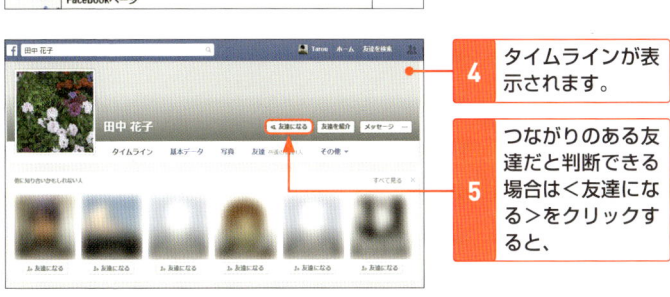

1. ホーム画面でページ上部の検索バーに知り合いの名前を入力すると、
2. 検索結果の候補が表示されます。
3. 表示された名前をクリックします。
4. タイムラインが表示されます。
5. つながりのある友達だと判断できる場合は＜友達になる＞をクリックすると、
6. 「友達リクエスト送信済み」に変わり、知り合いに友達申請が送信されます。

▶Memo

候補に表示されない場合

P.204手順1やP.205手順1で知り合いのキーワードとなる情報を入力したときに、候補の中に友達が表示されない場合があります。そのときは、候補の最下部に表示されている＜「キーワード」の検索結果をさらに見る＞をクリックします。キーワードに関連する「すべての結果」が表示されるので、この中から探してみましょう。

❸ さまざまな条件で検索する

1 ＜ホーム＞をクリックしてニュースフィードを表示し、

2 ＜友達を検索＞をクリックします。

3 プロフィールに登録した情報や、友達の友達などの情報をもとに、つながりの可能性がある利用者が表示されます。

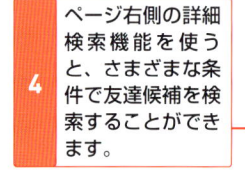

4 ページ右側の詳細検索機能を使うと、さまざまな条件で友達候補を検索することができます。

▶Memo

知らない人が候補に出てくる

手順**2**のあとに表示される友達候補は、登録しているプロフィールなどの情報や、友達関係にある友達の情報などから、Facebook側が自動で判断して表示しています。そのため、同じ出身校や勤務先を登録しているだけでまったくつながりのない利用者や、友達の知り合いも候補に表示されることがあります。逆に、小学校の頃に転校したなど、疎遠になっていて連絡方法がなかった友人と再会できたりすることもあります。

● 勤務先で検索する

「勤務先」から登録した勤務先をクリックしてチェックボックスにチェックを入れると、同じ勤務先を登録している候補の利用者が表示されます。出身地や高校なども、同じ方法で検索できます。

● キーワードで検索する

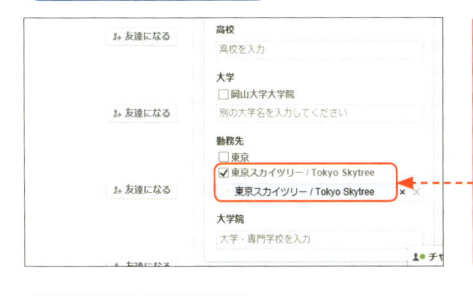

検索したい項目の入力欄にキーワードを入力し、候補が表示されたらクリックすると、項目のキーワードに該当する利用者が表示されます。ほかの項目も同様の方法でキーワード検索が可能です。

● 複合条件で検索する

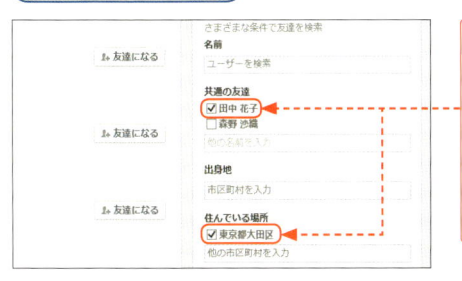

複数の項目を選択・入力して、複合条件で検索することができます。上述の方法でそれぞれ条件を設定すると、設定した複数の条件に該当する利用者が表示されます。

Section 29

第6章 >> パソコンでFacebookを使おう

近況を投稿しよう

ブラウザ版Facebookでは、自分の近況をニュースフィードへ投稿して、友達と共有することができます。テキスト以外にも、現在いる場所のスポット情報や写真などさまざまな情報を追加できます。

① 近況を投稿する

1 ホーム画面を表示して、入力欄をクリックし、

2 投稿したい内容を入力して、

3 <投稿する>をクリックすると、

4 ニュースフィードに投稿されます。

②投稿した近況を編集する

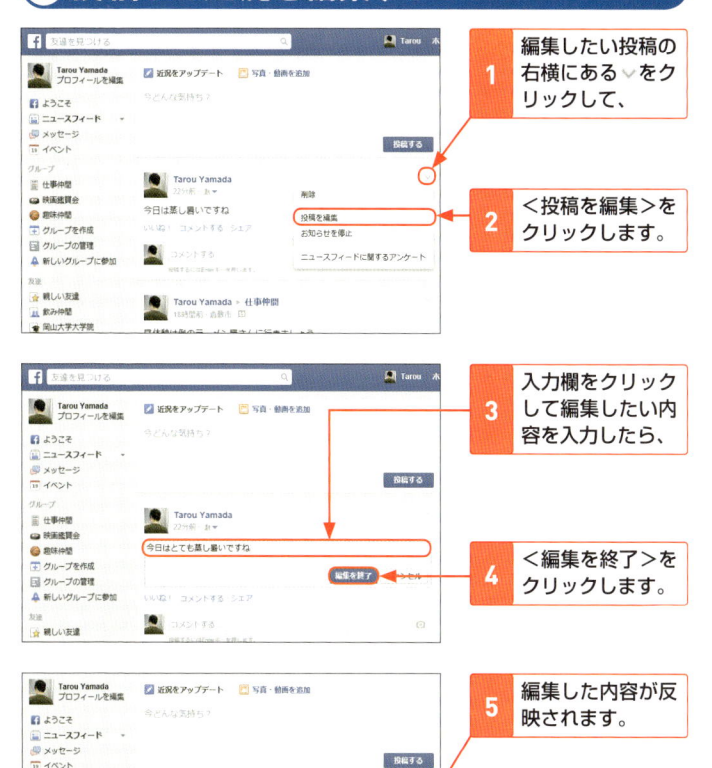

1 編集したい投稿の右横にある∨をクリックして、

2 <投稿を編集>をクリックします。

3 入力欄をクリックして編集したい内容を入力したら、

4 <編集を終了>をクリックします。

5 編集した内容が反映されます。

▶Memo

写真や位置情報を投稿する

左ページ手順1で♥をクリックすると、位置情報を追加して投稿を行うことができます。📷をタップし、投稿したい写真をクリックして、<開く>をクリックすると写真を添付することができます。

第6章 >> パソコンでFacebookを使おう

Section 30 「いいね!」をしよう

友達がFacebookに投稿したコンテンツを見て気に入った場合は、「いいね!」をクリックしましょう。気軽にコミュニケーションを取ることができるので活用してみてください。

1 「いいね!」をクリックする

1. ホーム画面を表示して投稿の下部にある<いいね!>をクリックすると、

2. 投稿に対して「いいね!」をしたことが表示されます。

<いいね!を取り消す>をクリックすると、「いいね!」が取り消されます。

② Webページの「いいね！」をクリックする

外部のWebページに「いいね！」がある場合は、Facebookの「いいね！」機能を利用できます。

1 Facebookにログインした状態で＜いいね！＞をクリックすると、

2 「いいね！」の表示が反転します。

3 自分のタイムラインの「最近のアクティビティ」を確認すると、「いいね！」をしたWebページの情報が投稿されています。

▶Memo

外部ページの「いいね！」をタイムラインに表示する/取り消す

外部のWebページの「いいね！」は、アクティビティには表示されますが、タイムライン上には表示されないように初期設定されています。タイムラインに表示したい場合は、まず▼→＜アクティビティログ＞の順番にクリックします。タイムラインに公開したい記事の右側の✎→＜タイムラインに表示＞をクリックすれば、タイムラインに「いいね！」をした記事が投稿されます。また、外部ページの「いいね！」を取り消したい場合は、まず▼→＜アクティビティログ＞の順にクリックします。取り消したい記事の右側の✎→＜削除＞をクリックすれば、「いいね！」を取り消すことができます。

第6章 >> パソコンでFacebookを使おう

Section
31 ニュースフィードを
見やすくしよう

ニュースフィードに表示される投稿は、初期設定では自動的に自分にとってもっとも関連性の高い順に表示されます。これを投稿順に表示したり、記事ごとに表示/非表示を切り替えたりすることができます。

① 表示方法を切り替える

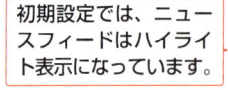

初期設定では、ニュースフィードはハイライト表示になっています。

1	「ニュースフィード」の右側の ▼ をクリックし、
2	<最新情報>をクリックすると、
3	表示順序が変更され、新しい投稿から順番に表示されます。

▶ Keyword

ハイライト

ハイライトとは、友達が投稿した近況や写真などを、関連性やコメント数、「いいね！」をされた数などを元に、自動的にピックアップして表示することです。

②特定の投稿を非表示にする

1. 非表示にしたい投稿の右側の∨をクリックし、

2. <非表示にする>をクリックすると、

3. 記事が非表示になります。

<元に戻す>をクリックすると、非表示にした記事が再度表示されます。

▶Memo

記事を非表示にして時間が経つと?

記事を非表示にした直後は<元に戻す>が表示されているため、記事を再び表示できます。しかし、過去に非表示にした記事は、ニュースフィードに再度表示できません。誤って非表示にしてしまった場合は、その場で<元に戻す>をクリックしましょう。

Section 32 リストを管理しよう

第6章 >> パソコンでFacebookを使おう

リストを利用すると、目的別に選んだ友達のみのニュースフィードを表示できます。アプリ版ではリスト名の変更やリストの削除はできないので、ブラウザ版Facebookをうまく活用してリストを管理するとよいでしょう。

① リストを作成する

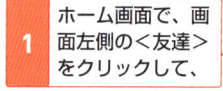

1. ホーム画面で、画面左側の<友達>をクリックして、

2. <リストを作成>をクリックします。

3. 「リスト名」を入力し、

4. 「メンバー」の欄に、リストに登録したい友達の名前の一部を入力します。

5. 表示された候補から登録したい友達をクリックし、

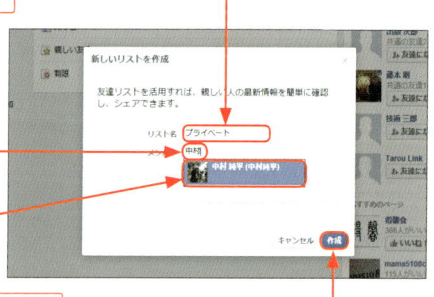

6. <作成>をクリックすると、

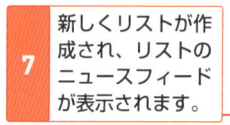

7. 新しくリストが作成され、リストのニュースフィードが表示されます。

② リストを編集する

1. ホーム画面を表示して、画面左側のリスト名の中から、編集したいリスト名をクリックします。

2. ＜リストを管理＞をクリックして、

3. 任意の項目（ここでは＜リスト名を変更＞）をクリックします。

4. 新しいリスト名を入力し、

5. ＜保存する＞をクリックすると、

6. リスト名が変更されます。

Section 33 グループにドキュメントをアップロードしよう

第6章 >> パソコンでFacebookを使おう

参加しているグループにドキュメントファイルを投稿すれば、グループのメンバーと共有することができます。公開範囲を「非公開」もしくは「秘密」に設定しておきましょう。

1 ドキュメントをアップロードする

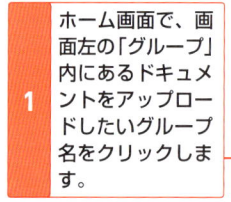

1	ホーム画面で、画面左の「グループ」内にあるドキュメントをアップロードしたいグループ名をクリックします。
2	<ファイルを追加>をクリックします。
3	「コンピュータ」の下にある「ファイルを選択」をクリックし、ファイルを選択します。
4	入力欄をクリックし、ドキュメントと一緒に投稿したい内容を入力して、<投稿する>をクリックすると、
5	グループに投稿され、ドキュメントがアップロードされます。

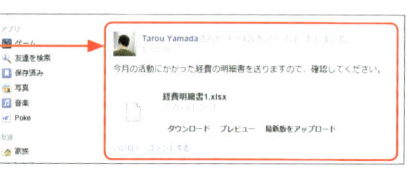

② ドキュメントを最新のものに更新する

1. ファイルを変更したいときは＜最新版をアップロード＞をクリックし、

2. ＜新バージョンをアップロード＞をクリックします。

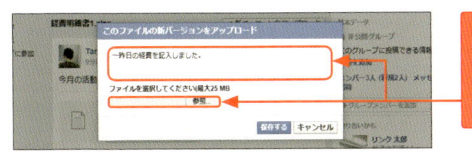

3. ファイルの変更内容を入力し、＜参照＞をクリックして、

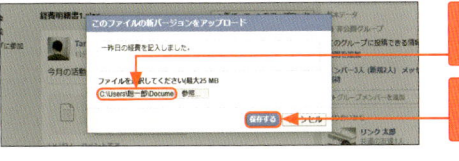

4. ファイルを選択し、

5. ＜保存する＞をクリックします。

6. グループに投稿され、更新内容が表示されます。

▶Memo

ドキュメントを閲覧する

投稿したドキュメントを閲覧するときは、投稿欄の＜プレビュー＞をクリックして表示するか、＜ダウンロード＞をクリックして保存してから閲覧します。また、＜履歴＞をクリックすると、投稿されたドキュメントの履歴が確認できます。ほかのユーザーが投稿したドキュメントでも、最新版のアップロードや履歴を確認することが可能です。

第6章 >> パソコンでFacebookを使おう

Section 34 知り合いを友達から削除しよう

やむを得ない事情などで友達登録しているユーザーの登録を削除したい場合、かんたんな操作で友達登録を削除することができます。友達から削除したユーザーには通知は届きませんが、「知り合いかも」に表示されるようになります。

1 知り合いを友達から削除する

1 自分の名前をクリックして自分のタイムラインを表示し、

2 ＜友達＞をクリックします。

3 削除したいユーザーの右側の＜友達＞をクリックし、

4 ＜友達から削除＞をクリックすれば、友達から削除されます。

▶Memo

削除後の友達リクエスト

友達から削除しても、削除したユーザーから友達リクエストは送信できます。リクエストを受け取りたくない場合は、「プライバシー」設定で友達リクエストを送信できるユーザーを制限しておきましょう。

Twitter編

第 1 章

Twitterをはじめよう

Section 01	Twitterとは?
Section 02	Twitterのアカウントを登録しよう
Section 03	プロフィールを編集しよう
Section 04	Twitterのホーム画面の見方を覚えよう
Section 05	気になる人をどんどんフォローしよう
Section 06	Twitterでつぶやいてみよう
Section 07	ツイートをチェックしよう
Section 08	Twitterに写真を投稿しよう
Section 09	Twitterで話題のニュースをチェックしよう
Section 10	キーワードでツイートを検索してみよう
Section 11	気になる人のツイートを見てみよう
Section 12	ツイートした人のプロフィールの確認をしよう
Section 13	ツイートをお気に入りに登録しよう
Section 14	投稿したツイートを削除しよう

Section 01

第1章 >> Twitterをはじめよう

Twitterとは？

Twitterは、ブログやSNS、チャット、掲示板などの特徴を備えた、コミュニケーションサービスです。従来のSNSと異なり140文字の制限がありますが、気軽に投稿できるため世界中で人気を集めています。

① 気軽に始められるマイクロブログ

● 気軽につぶやきを投稿

Twitterは、「Tweet」（小鳥がさえずる、ぺちゃくちゃ喋る）という英語をもとに名づけられました。そのためTwitterで「ツイートする」というと、「つぶやく」「投稿する」などの意味を指します。

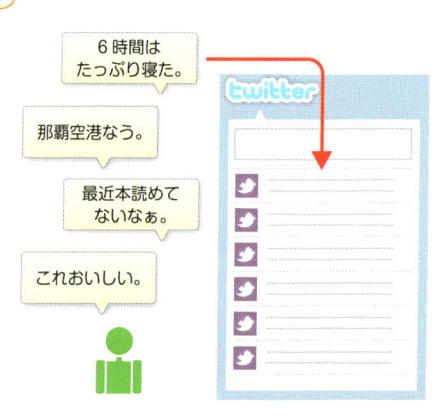

- 6時間はたっぷり寝た。
- 那覇空港なう。
- 最近本読めてないなぁ。
- これおいしい。

● テーマは「いまどうしてる？」

Twitterのメインテーマは、「what's happening」（いまどうしてる？）をユーザー同士で共有していくことです。投稿内容に決まり事はありませんが、140文字以内の短い"ツイート"を投稿する点が最大の特徴です。

いまどうしてる？

- おなかすいた〜
- このニュースおもしろい！
- あの映画なんだっけ？
- イベント最高に盛り上がってるよ！

思い思いのつぶやきを140文字に込めて投稿

❷ Twitterでできること

Twitter は LINE のようにプライベートなつながりや、Facebook のような本名や出身地を公開するなど自分の情報をオープンにする必要がありません。ユーザー名は任意に設定できるので、匿名でも楽しむことができます。気軽にSNS を楽しんでみたい人におすすめです。

タイムラインでの交流

Twitter をはじめたばかりのときは、メインとなるタイムラインに何の情報も表示されていません。ここには、自分の趣味や興味と合うユーザーをフォローすることで、そのユーザーたちの投稿が表示されるからです。気になったツイートがあれば、返信することで交流するきっかけになります。

タイムラインには、フォローした人のツイートを中心にさまざまな情報が集まります。

最新の情報を集めるのにも大活躍

自分からツイートを投稿する頻度が低くても Twitter では問題ありません。最近では、企業や有名人なども Twitter を行っており、ときにはどこよりも最新の情報を Twitter から発信することがあります。お気に入りのリストを作成して、そういった情報を収集するニュースアプリとして活用してもよいでしょう。

公式アカウントには本人を表す✓が表示されるため、情報の取捨選択を容易に行えます。

第1章 >> Twitterをはじめよう

Section 02 Twitterのアカウントを登録しよう

Twitterを利用するには、まずアカウント登録が必要です。Android版Twitterから新規登録する際は、Googleアカウントと連携させることで簡単にアカウントを取得することができます。

① アカウントを登録する

1 アプリケーション画面から、Twitterアプリをタップして起動します。

2 <アカウントを作成>(iPhoneでは<登録>)をタップします。

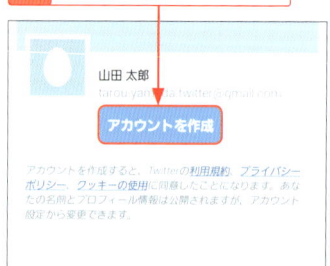

3 <許可する>をタップします。

SNS がアカウントにアクセスすることを許可しますか?
SNSはあなたが承認した後、アカウントと連携することができます。

▶Memo

Googleアカウントと連携させる

Android版Twitterでアカウントを作成する際、手順**2**で<アカウントを作成>を選択すると、Googleアカウントと連携させることができます。連携させると、Twitterアカウント作成の手順が一部簡略化されて便利です。連携させたくない場合は、<他のアカウントを作成>をタップします。iPhone版Twitterで作成する場合は、P.223手順**4**の画面ですべての情報を入力し、画面の指示に従って進めましょう。

4 パスワードを入力して、

完了しました

Twitterアカウントが作成されました

氏名	山田 太郎
ユーザー名	tarouyamadatwi1
Eメール	tarou.yamada.twitter@c
パスワード	....

☐ アドレス帳をアップロードし、電話番号(+818087020963)を使用して、友だちとつながろう。

他のユーザーはメールアドレスや電話番号からあなたを見つけることができます。この設定はアカウントの設定から変更できます。

次へ

5 <次へ>をタップします。

6 「おすすめユーザー」画面が表示されたら、<次へ>をタップします。

おすすめユーザー

おすすめのアカウントをご紹介します。フォローしてツイートを読んでみましょう。気が変われば後からいつでもフォローを解除できます。

- 地震速報 @earthquake_jp
- Fukase(SEKAINOOWARI) @fromsekaowa
- 宮迫 @motohage
- 宇多田ヒカル @utadahikaru

次へ

7 「プロフィールを編集」画面が表示されたら、<スキップ>をタップします。

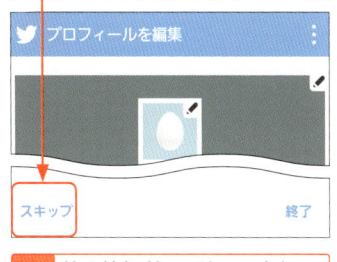

プロフィールを編集

スキップ　　　　　終了

8 位置情報利用の許可の有無をタップして選択し、

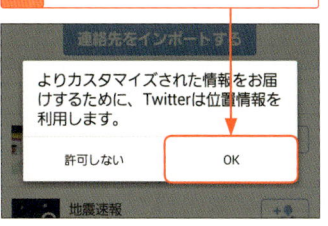

連絡先をインポートする

よりカスタマイズされた情報をお届けするために、Twitterは位置情報を利用します。

許可しない　　OK

地震速報

9 アカウントの登録が完了すると、Twitterのホーム画面が表示されます。

▶Memo

Twitterの位置情報

Twitterで位置情報の利用を許可すると、ツイートに位置情報を追加することができます。位置情報を利用すると、ほかのユーザーとの情報共有をしやすくなるというメリットがある一方、ツイートを行う場所によっては自宅の位置が特定されてしまうなどのデメリットもあります。ときと場所を考えて位置情報の利用を使い分けるとよいでしょう。

Section 03

第1章 >> Twitterをはじめよう

プロフィールを編集しよう

Twitterのプロフィール情報は、「アイコン」「ヘッダー」「名前」「自己紹介」「ウェブサイト」「位置情報」の6項目で構成されています。知り合いとつながるきっかけにするためにも、できるだけわかりやすく情報を登録しましょう。

① アイコンや自己紹介を登録する

1 上部メニューから （iPhoneでは＜アカウント＞）をタップして、

2 ＜アカウント名＞をタップします。

3 ＜プロフィールを編集＞（iPhoneでは＜プロフィール変更＞）をタップし、

4 ＜画像＞（iPhoneでは＜プロフィール画像＞）をタップして、

5 ＜フォルダから画像を選択＞（iPhoneでは＜画像を選択＞）をタップすると、

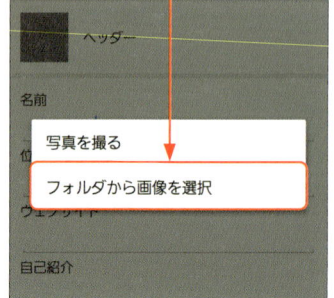

224

> 「ギャラリー」が起動し、本体の写真が表示されます。

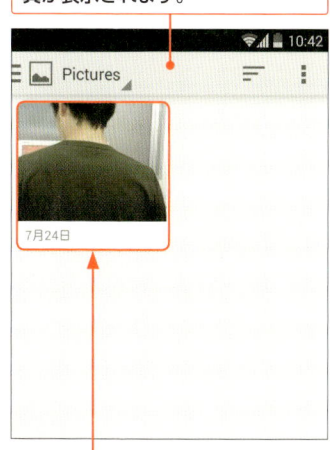

9 プロフィールに反映されます。

> プロフィール写真に設定する画像をタップすると、アイコンとして設定されます。

6

7 続いて「プロフィール編集」画面に戻ったら、＜自己紹介＞をタップして入力して、

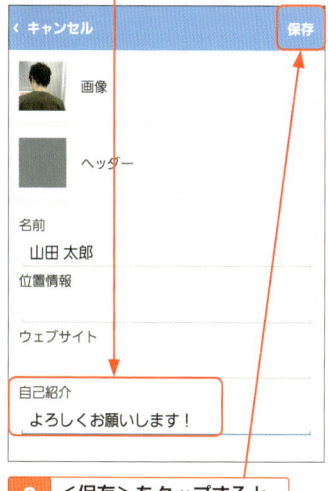

8 ＜保存＞をタップすると、

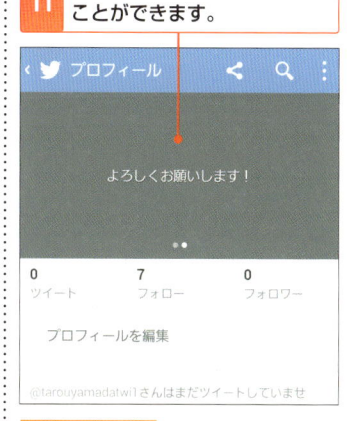

10 アイコンを左方向にスワイプすると、

11 入力した自己紹介を確認することができます。

▶Memo

ヘッダーとは

ヘッダーとは、プロフィールページの背景に表示される画像のことです。自分の好きな画像を設定して、プロフィール画面をデコレーションすることが可能です。

第1章 Twitterをはじめよう

225

第1章 >> Twitterをはじめよう

Section 04 Twitterのホーム画面の見方を覚えよう

アカウントを登録し、ログインが完了したら、Twitterホームの見方を覚えましょう。上部にはメニューバーが、ページ中央部のタイムラインにはツイートが表示されます。

1 ホーム画面の画面構成

Android版

iPhone版

❶ホーム画面に戻る（タイムライン）	ほかの画面を表示中にタップすると、ホーム画面に戻ります。ホーム画面表示中は使用しません。
❷通知	リツイートや@ツイート、フォロワーが増えたときなどに通知してくれます。通知件数はバッジ表示されます。
❸メッセージ	送信ユーザーと受信ユーザーにしか見れない非公開メッセージ（ダイレクトメッセージ）を作成・閲覧できます。
❹ユーザー検索	キーワードを入力して、関連するユーザー、おすすめや人気のユーザーを検索できます。

226

❺Twitter検索	キーワードを入力して、関連するツイート、人気の動画や画像を検索できます。
❻メニュー（アカウント）	プロフィールの編集や設定変更、リストの表示などができます。
❼リンク	＜ホーム＞や＜見つける＞、＜アクティビティ＞の各ページへ移動できます。（iPhoneの場合はP.227のMemo「iPhone版Twitterのホーム画面」を参照）
❽タイムライン	自分やフォローしたユーザーのツイートが新着順に一覧表示されます。
❾ツイート入力欄	ツイートを投稿できます。画像や位置情報を添付することもできます。（iPhoneでは、 をタップすると、ツイート入力画面が表示されます）

▶Memo

iPhone版Twitterのホーム画面

iPhone版Twitterのホーム画面では、Android版と異なり、＜見つける＞と＜アクティビティ＞がメニュー表示されていません。これらは、ホーム画面を左方向にスワイプすることで表示できます。

❷ Twitterホームの表示方法

1 Twitterホーム以外のページを表示しているときに、画面左上の をタップします。iPhoneでは画面左下の をタップします。

2 Twitterホームが表示されました。

Section 05 気になる人をどんどんフォローしよう

第1章 >> Twitterをはじめよう

Twitterでは多くのユーザーがお互いをフォローしています。ツイートの投稿や閲覧に慣れたら気になったユーザーを見つけて、フォローしてみましょう。フォローは、するのも外すのも簡単に行うことができます。

❶ カテゴリから探してフォローする

1. Twitterホームから👤→＜人気のユーザー＞（iPhoneでは＜カテゴリ＞）をタップします。

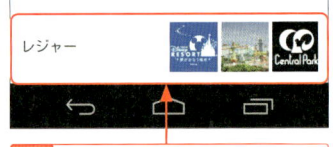

2. ユーザーを探したいカテゴリをタップし、

3. 気になるユーザーを見つけたら、ユーザー名をタップします。

4. 相手ユーザーのプロフィールが表示されるのでツイートなどを確認し、＜フォローする＞をタップすると、

5. 「フォロー中」と表示され、フォローが完了します。

228

❷ Twitterおすすめのユーザーをフォローする

1 TwitterホームからP→＜おすすめユーザー＞（iPhoneでは＜ユーザーを探す＞）をタップします。

2 おすすめのユーザーが一覧表示されるのでスワイプして、気になるユーザーのユーザー名をタップします。

3 相手ユーザーのプロフィールが表示されるのでツイートなどを確認し、＜フォローする＞をタップすると、

4 「フォロー中」と表示され、フォローが完了します。

▶Memo

フォローを外したい

フォローを外したい場合は、相手のプロフィールを表示します。＜フォロー中＞→＜はい＞（iPhoneでは＜フォロー解除＞）の順番にタップすれば、フォローを外すことができます。再度フォローすることも可能ですが、相手からブロックされた場合（Sec.23参照）はフォローができなくなります。

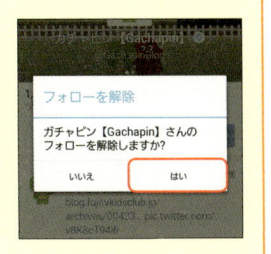

Section 第1章 >> Twitterをはじめよう

06 Twitterでつぶやいてみよう

Twitterホームの見方を覚えたら、Twitterでつぶやいてみましょう。画面下部の入力欄をタップして文字を打ち込み、＜ツイート＞をタップすれば投稿できます。

① ツイートを投稿する

1 P.227手順**1**を参考にTwitterホームを表示し、

2 ＜いまどうしてる？＞をタップします（iPhoneでは ✏️ をタップします）。

3 空欄にツイートを入力して、

4 ＜ツイート＞をタップすると、

5 投稿が完了し、入力したツイートが表示されます。

▶Memo

文字数は140文字まで

1回の投稿で入力できる文字数は、全角・半角に関係なく140文字です。入力中の残りの文字数はツイート入力欄のアカウント名の右側に表示されている数字で確認できます。文字数がオーバーすると赤文字表示に切り替わり、数字の隣に「－」が表示されます。

Section 07

第1章 >> Twitterをはじめよう

ツイートをチェックしよう

Twitterホームでは、ツイートを着信した際に＜ホーム＞の下部（iPhoneでは🏠の右上）に・が表示され、タイムラインを上方向にスワイプすると内容を閲覧できます。着信通知はリアルタイムで届くので、好きなときにチェックしましょう。

① 新着ツイートをチェックする

1. P.227手順■を参考にTwitterホームを表示します。自分と、フォローしている人のツイートが着信順で表示されます。

2. 新しいツイートが投稿されると、＜ホーム＞の下部に・が表示されます。

3. タイムラインの先頭を表示した状態で下方向にスワイプします。

4. タイムラインが更新され、新しいツイートが表示されます。

▶Memo

特定ユーザーのツイートを一覧表示する

自身のタイムライン上で、フォローしたユーザーのツイート→ユーザーアイコンの順にタップすると、そのユーザーのプロフィールとツイートを一覧表示できます。具体的なフォローの手順については、Sec.05を参照してください。

第1章 >> Twitterをはじめよう

Section 08 Twitterに写真を投稿しよう

Twitterでは、ツイートに写真を添付して投稿することも可能です。タイムライン上に写真のサムネイルが表示され、タップすることで全画面表示されます。なお、写真サイズが5MBを超えるものは投稿することができません。

① 写真を投稿する

1 P.227手順**1**を参考にTwitterホームを表示し、

2 をタップします。

本体に保存されている写真が画面下部にサムネイルで表示されます。

3 投稿したい写真をタップして、

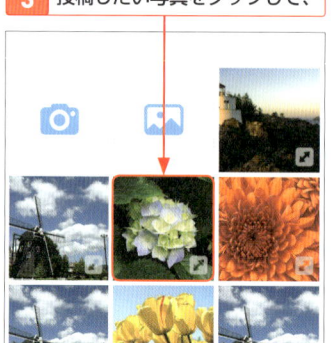

4 入力欄にツイートを入力し、

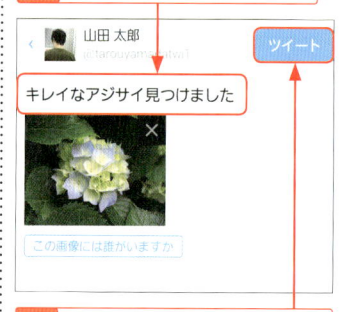

5 <ツイート>をタップすると、

6 写真のサムネイルが含まれたツイートがタイムライン上に表示されます。

232

❷ 投稿した写真を確認する

1. ツイートに表示されているサムネイルをタップすると、

2. 写真が全画面表示されます。写真を長押しすると、本体に保存することも可能です。

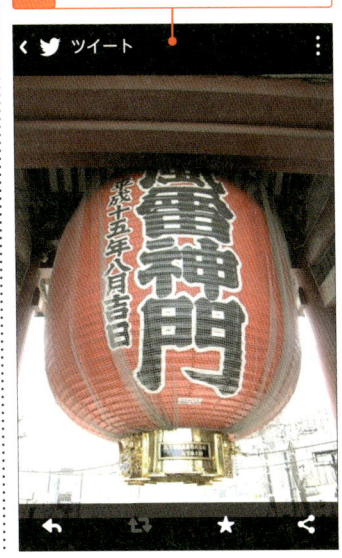

▶Memo

今までに投稿した写真を確認する

プロフィールページで＜全ての画像を表示＞（iPhoneでは＜画像をさらに表示＞）をタップすると、これまで投稿した写真を閲覧することができます。なお、投稿した写真はフォロワー以外の不特定多数の人にも見られるということを、忘れないようにしましょう。投稿したツイートを削除したい場合は、Sec.13を参照してください。

第1章 >> Twitterをはじめよう

Section 09 Twitterで話題のニュースをチェックしよう

トレンドは、Twitterホームに各地域の注目ワードを表示する機能です。内容はリアルタイムで更新されており、Twitter上で盛り上がっている話題をチェックすることができます。

① トレンドをチェックする

1 P.227手順1を参考にTwitterホームを表示し、

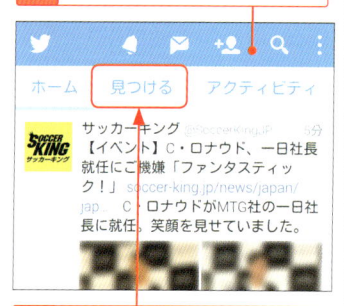

2 <見つける>をタップします（iPhoneでは左方向にスワイプします）。

3 <トレンド>（iPhoneでは<トレンドをもっと見る>）をタップします。

4 Twitterで話題となっているキーワードが表示されます。

5 気になるトレンドのキーワードをタップします。

6 選択したキーワードに関連するツイートが表示されます。

234

❷ トレンドの地域を変更する

P.234手順 **1**〜**3** を参考に「トレンド」画面を表示します（iPhone版では地域の変更はできません）。

1 ❗ をタップして、

2 ＜トレンドの地域を〜＞をタップし、

3 ＜変更＞をタップします。

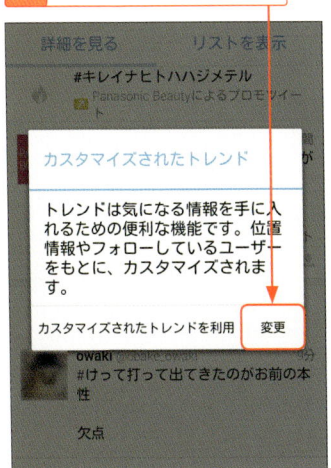

4 入力欄をタップしてアルファベットで国名、または地域名を入力し、

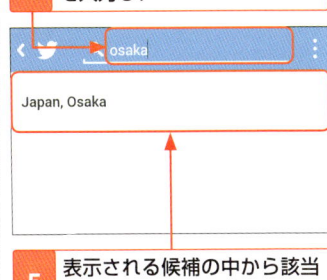

5 表示される候補の中から該当する地域名をタップすると、

6 選択した地域（大阪）のトレンド情報が表示されます。

▶Memo

カスタマイズされたトレンドとは

手順 **3** で表示される「カスタマイズされたトレンド」とは、フォローしているユーザーや現在地などの位置情報を利用して自動的に関連するトレンドをピックアップしてくれるTwitterの機能です。初期設定では、「カスタマイズされたトレンド」に設定されています。

第1章 >> Twitterをはじめよう

Section 10

キーワードでツイートを検索してみよう

検索機能を利用すると、入力したキーワードを含む3日以内の全ツイートを検索して表示することができます。いろいろな人たちの意見を一括で確認できるので、情報収集がはかどります。

① キーワードで検索する

1 P.227手順**1**を参考にTwitterホームを表示し、

2 🔍 をタップします。

3 入力欄をタップしてキーワードを入力し、

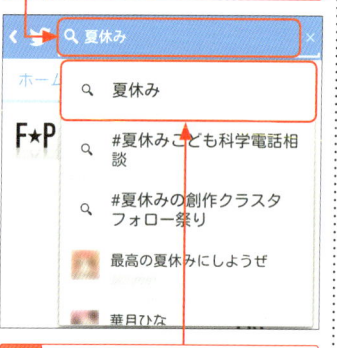

4 表示される候補から該当するものをタップすると、

5 キーワードを含むツイートが一覧で表示されます。

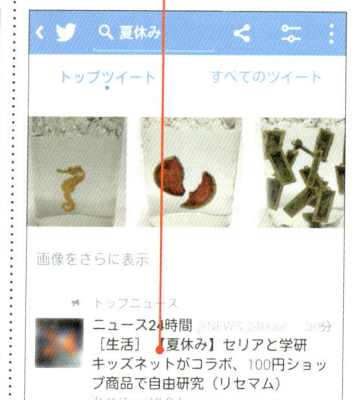

▶Memo

ハッシュタグを検索する

Twitterには、ツイートを特定の話題でまとめるための「ハッシュタグ」という機能があり、利用することでイベントやテレビ番組などの話題を多くのユーザーと共有できます(Sec.19参照)。ハッシュタグを検索するときは、手順**3**でキーワードの頭に#をつけてを入力します。

Section 11 気になる人のツイートを見てみよう

第1章 >> Twitterをはじめよう

気になる人のツイートを見たい場合は、Twitterの「検索」機能を利用し、ユーザー検索に絞り込むことで、目的のユーザーを検索してツイートを閲覧することができます。

① 気になる人のツイートを一覧表示する

P.236手順 1～2 を参考に、検索画面を表示します。

1 入力欄をタップしてユーザー名またはアカウント名を入力して検索します。

2 検索結果が表示されたら ≈ をタップし、

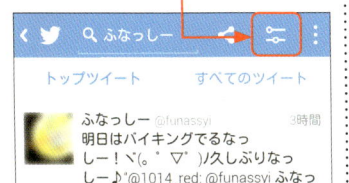

3 <ユーザー>をタップすると、

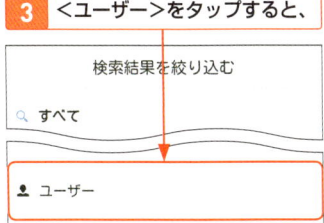

4 キーワードを含むユーザー名が一覧で表示されます。

5 ユーザー名をタップします。

6 ユーザーのプロフィールと最新のツイートが3件まで表示されます。

7 <フォローする>をタップすると、フォローすることができます。

Section 12

第1章 >> Twitterをはじめよう

ツイートした人の
プロフィールの確認をしよう

タイムラインに表示されたツイートのプロフィールを確認してみましょう。ほかのフォロワーがリツイートしたツイートであれば、プロフィール画面からフォローすることもできます。

① ツイートからプロフィールを確認する

1 タイムラインから気になるツイートをタップします。

2 リツイートされたツイートの場合、リツイートしたユーザーを確認することができます。ユーザー名をタップします。

3 「プロフィール」画面が表示されます。これまでのツイートを確認して気に入ったら、＜フォローする＞をタップします。

4 フォローが完了します。

238

Section 13 ツイートをお気に入りに登録しよう

第1章 >> Twitterをはじめよう

お気に入りのツイートを見つけたら、ツイートをお気に入りに登録しましょう。お気に入りに登録すると、あとで好きなときにツイートを見返すことができます。

1 ツイートをお気に入りに登録する

1 お気に入りに登録したいツイートをタップします。

2 ★をタップします。

3 お気に入りに登録され、★になります。

▶Memo

お気に入りを表示する

お気に入りに登録したツイートは、P.224を参考に「プロフィール」画面から＜お気に入り＞をタップすると表示できます。

Section 14 投稿したツイートを削除しよう

第1章 >> Twitterをはじめよう

間違えて投稿してしまったツイートは、Twitterホーム上から容易に削除できます。操作に慣れるまでは、自分のツイートをしっかり確認してから、投稿するようにしましょう。

① ツイートを削除する

1 Twitterホームを表示したら、

2 削除したい自分のツイートをタップして、

3 🗑をタップします（iPhoneでは … →＜ツイートを削除＞の順にタップします）。

4 ＜はい＞をタップすると、ツイートが削除されます。

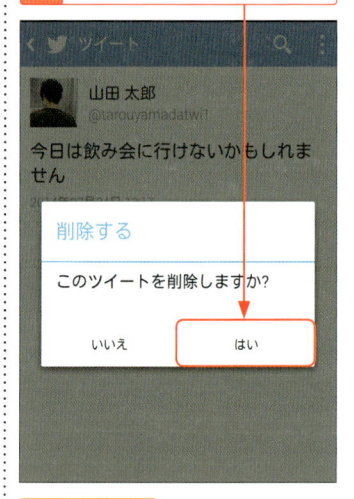

▶ Memo

削除できないツイートもある

非公式リツイート（Sec.18参照）された自身のツイートは、タイムライン上で元のツイートを削除したとしても、消去されません。デリケートな話題にふれるときは、ツイート内容をよく吟味しましょう。

Twitter 編

第2章
友達とコミュニケーションをとろう

Section 15	自分のフォローしている人とフォロワーを確認しよう
Section 16	ほかの人のツイートにリプライで返事をしよう
Section 17	特定の誰かにだけメッセージを送ろう
Section 18	ツイートをリツイートしよう
Section 19	同じ話題をみんなとつぶやこう
Section 20	リストを作ってユーザーを整理しよう
Section 21	友達が何をしているのか見てみよう

第2章 >> 友達とコミュニケーションをとろう

Section 15 自分のフォローしている人とフォロワーを確認しよう

Twitterの初期設定ではほかのユーザーが自分をフォローすると、「通知」にフォローされたというお知らせが届くように設定されています。その際にフォローを返し、互いのツイートを閲覧できるようにすることも可能です。

1 フォローしている人を確認する

1 Twitterホームから →<(自分のアカウント名)>をタップして（iPhoneではTwitterホームから画面下部の<アカウント>をタップして）、

2 自分のプロフィールを表示します。<フォロー>をタップすると、

3 自分のフォローリストが表示されます。

▶Memo

フォローとフォロワー

自分のフォローリストに追加した人をフォローと呼ぶのに対し、自分のことをフォローリストに追加してくれた人のことをフォロワーと呼びます。

❷ フォロワーを確認する

1 Twitterホームから■→<(自分のアカウント名)>をタップして(iPhoneではTwitterホームから画面下部の<アカウント>をタップして)、

2 <フォロワー>をタップすると、

自分のプロフィールを表示します。

3 自分のフォロワーリストが表示されます。

▶Memo

フォローを返す

初期設定ではほかのユーザーが自分をフォローすると、「通知」にフォローされたというお知らせが届きます。自分をフォローしたユーザーを確認するには、Twitterホームから■をタップして、通知一覧に表示された<○○さん、○○さんがあなたをフォローしました>をタップします。「あなたをフォローしました」(iPhoneでは「フォローされた」)画面でユーザー名をタップし、相手のプロフィールを確認して問題がなければ、<フォローする>をタップして、フォローを返しましょう。

243

第2章 >> 友達とコミュニケーションをとろう

Section 16

ほかの人のツイートに
リプライで返事をしよう

Twitterには、特定の誰かにツイートを返信できるリプライという機能が備わっています。リプライしたツイートもほかのツイートと同じように、内容がタイムライン上に表示されます。

① リプライをする

1 Twitterホームを表示し、気になるツイートをタップします。

2 ↰をタップすると、

リプライの入力欄が表示されます。

3 リプライの入力欄に「@相手のユーザー名」と「 」(半角スペース)が表示されていることを確認します。

▶Memo

**タイムライン以外から
リプライする**

ほかのユーザーのプロフィールページからも、そのユーザーに向けてリプライすることができます。本文の入力方法は、手順 **1** ～ **6** と同じです。また、通常のツイート入力画面で最初に「@相手のユーザー名」を入力することで、相手に直接つぶやくことができます。

Twitter

4 半角スペースの後に返信したいテキストを入力して、

山田 太郎
@tarouyamadatwi1
ツイート

@hanahana_tanaka Twitterへようこそ！

5 <ツイート>をタップします。

6 返信したリプライが「@ユーザー名 テキスト」としてタイムライン上に表示されます。

田中花子 @hanahana_tanaka 1分
Twitter始めました!!

山田 太郎 @tarouyamadatwi1 29秒
@hanahana_tanaka Twitterへようこそ！

Best Vines 6秒で笑える動画 @6second_bot 10分
元気がないあなたへ

いまどうしてる？

何度かリプライをやり取りした場合は、最初と最新のリプライのみが表示されます。

7 <さらに○件の返信>をタップします。

ホーム　見つける　アクティビティ

田中花子 @hanahana_tanaka 2分
Twitter始めました!!

さらに1件の返信

田中花子 @hanahana_tanaka 29秒
@tarouyamadatwi1 こちらでもよろしくお願いします!!

山田 太郎 @tarouyamadatwi1 7秒
@hanahana_tanaka 僕もこの間始めたばかりですがよろしくお願いします！

8 リプライのやり取りが一覧で表示されます。

ツイート

田中花子
@hanahana_tanaka

Twitter始めました!!
2014年07月27日 14:25

山田 太郎 @tarouyamadatwi1 5分
@hanahana_tanaka Twitterへようこそ！

田中花子 @hanahana_tanaka 4分
@tarouyamadatwi1 こちらでもよろしくお願いします!!

山田 太郎 @tarouyamadatwi1 3分
@hanahana_tanaka 僕もこの間始めたばかりですがよろしくお願いします！

田中花子さんへ返信　　ツイート

第2章 友達とコミュニケーションをとろう

第2章 >> 友達とコミュニケーションをとろう

Section 17 特定の誰かにだけメッセージを送ろう

ダイレクトメッセージ（略称：DM）は、特定のフォロワーだけにメッセージを送信する機能です。リプライとは違い、内容が自身のタイムライン上に表示されないので、プライベートな話題などに利用するとよいでしょう。

1 ダイレクトメッセージを送る

1 Twitterホームを表示し、✉をタップします。

2 🗨をタップします。

3 入力欄をタップしてユーザー名またはアカウント名を入力し、

4 表示される候補からユーザー名をタップします。

▶Memo

ダイレクトメッセージの注意点

Twitterのダイレクトメッセージ機能は、誰とでも送受信できるわけではありません。自分がフォローしているだけだと受信しかできず、逆に自分がフォローされているだけだと送信のみに限定されます。双方がフォローしていない場合は、ダイレクトメッセージを送受信することができません。

5 入力欄にメッセージを入力し、

フォローありがとうございました！ 124 送信

6 <送信>をタップします。

7 メッセージが送信され、送信したダイレクトメッセージが表示されます。

田中花子
@hanako_hana87

フォローありがとうございました！
7:26 午後

新しいメッセージを作成 140 送信

8 ダイレクトメッセージを受信すると、✉に通知アイコンが表示されます。

ホーム　見つける　アクティビティ

田中花子 @hanahana_tanaka　23秒
Twitter始めました

サッカーキング @SoccerKingJP　18分
【選手情報】レアル、W杯で負傷のコエントランが練習復帰...スペイン紙報道 soccer-king.jp/news/world/esp... コエントランはポルトガル代表として出場したブラジル・ワールドカップで負傷していました。

9 ✉をタップします。

10 ダイレクトメッセージを送受信した相手の一覧が表示されます。

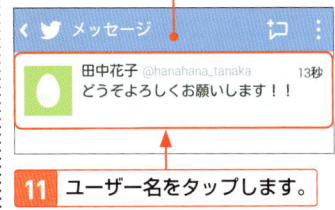

< 🐦 メッセージ

田中花子 @hanahana_tanaka　13秒
どうぞよろしくお願いします！！

11 ユーザー名をタップします。

12 ダイレクトメッセージのやり取りを会話形式で確認できます。

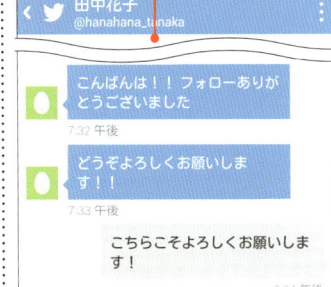

田中花子
@hanahana_tanaka

こんばんは！！フォローありがとうございました
7:32 午後

どうぞよろしくお願いします！！
7:33 午後

こちらこそよろしくお願いします！
7:34 午後

> **Memo**
>
> ### ダイレクトメッセージとリプライの使い分け
>
> ダイレクトメッセージは送った相手と自分しか見ることができないメッセージなので、他人に見られたくない友人同士のメッセージを送りたい場合などに最適です。一方、リプライは自分や相手のフォロワーも見ることができるので、皆に聞いてほしいメッセージなどの場合に利用するとよいでしょう。

Section 18 第2章 ≫ 友達とコミュニケーションをとろう

ツイートをリツイートしよう

ほかの人のツイートをそのまま転載することを、リツイート（略称:RT）と言います。リツイートには公式リツイートと非公式リツイートの2種類があり、自分のコメントを追加する場合は、非公式リツイートを利用します。

① ほかの人のツイートを公式リツイートする

1 Twitterホームを表示し、リツイートしたいツイートをタップします。

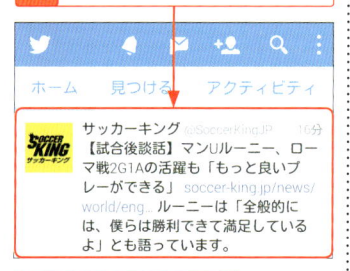

サッカーキング @SoccerKing_JP 16分
【試合後談話】マンUルーニー、ローマ戦2G1Aの活躍も「もっと良いプレーができる」soccer-king.jp/news/world/eng... ルーニーは「全般的には、僕らは勝利できて満足しているよ」とも語っています。

2 ↺をタップします。

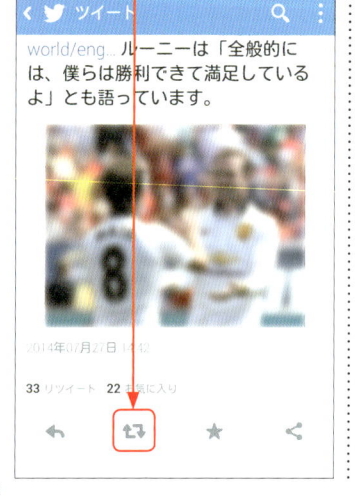

world/eng... ルーニーは「全般的には、僕らは勝利できて満足しているよ」とも語っています。

33 リツイート　22 お気に入り

「フォロワーにリツイートしますか？」と表示されます。

3 ＜リツイート＞をタップします。

リツイート
フォロワーにリツイートしますか?
キャンセル　引用　リツイート

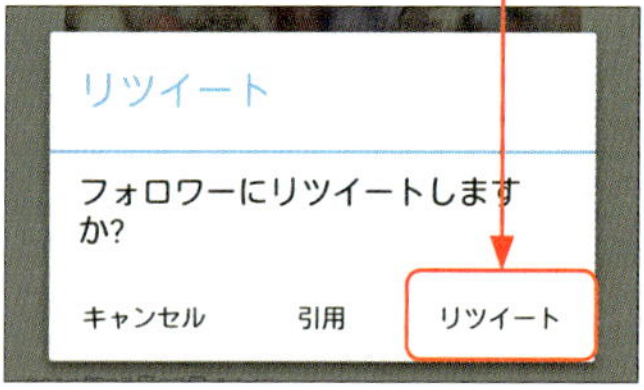

4 リツイートが完了し、リツイートのマーク↺が表示されます。

world/eng... ルーニーは「全般的には、僕らは勝利できて満足しているよ」とも語っています。

36 リツイート　22 お気に入り

② ほかの人のツイートを非公式リツイートする

非公式リツイートしたいツイートをタップして詳細を表示します。

1 ↻をタップします。

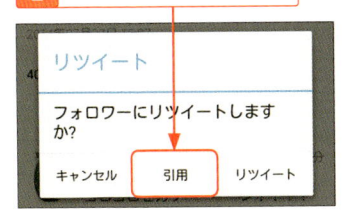

引用リツイートの入力欄に「@相手のユーザー名」とツイート内容が表示されていることを確認します。

3 ツイート内容の前に自分のコメントと半角スペースを入力し、

「フォロワーにリツイートしますか?」と表示されます。

4 <ツイート>をタップします。

2 <引用>をタップします。

5 リツイートが完了し、入力内容がタイムラインに表示されます。

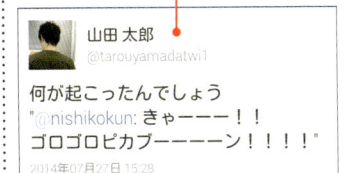

▶Memo

公式リツイートと非公式リツイートの違い

公式リツイートは元の送信者の名前で、非公式リツイート(引用リツイート)は投稿したユーザーの名前で、自分とフォロワーのタイムラインに表示されます。非公式リツイートはP.249手順3以外にも、引用したツイート内容の前に「自分のコメント」と半角スペースを入力し、「@ユーザー名」の前に「RT」と入力する形式もよく使われています。フォロワーにツイートを知らせたい場合は公式リツイートを、それに自分の意見を加えたい場合は非公式リツイートを利用するといったように、投稿内容によって両者を使い分けるとよいでしょう。

Section 19

同じ話題を
みんなとつぶやこう

第2章 >> 友達とコミュニケーションをとろう

ハッシュタグは、ツイートを特定の話題でまとめるための機能です。ハッシュタグを利用することで、イベントやテレビ番組などの話題を多くのユーザーと共有できます。

① ハッシュタグとは

「ハッシュタグ」とは、特定のツイートをまとめるタグのような機能のことです。ツイートの最後に「# イベント」のように表示されているのを見たことがあるかと思いますが、これがあることで、何についての話題なのかがわかりやすくなるのと同時に、ハッシュタグで検索してもらうことで、より多くのユーザーに自分のツイートを見てもらえるようになります。ハッシュタグは「#」+「キーワード」で構成され、ツイートとの間に半角スペースを空けます。ツイートのどこにあっても構いませんが、ツイートの最後に入力するのが一般的です。

1 ハッシュタグが挿入されているツイートはこのように表示されます。

2 ハッシュタグをタップすると、

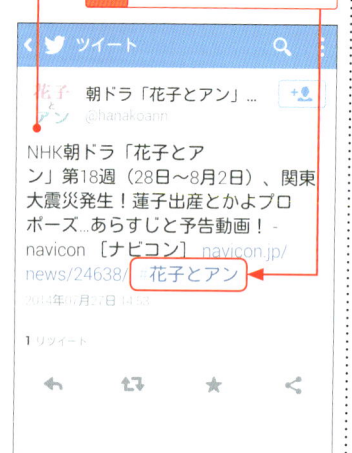

3 ハッシュタグが挿入されているツイートが一覧で表示されます。

② ハッシュタグを使ってツイートする

1 Twitterホームを表示し、＜いまどうしてる？＞を(iPhoneでは ✏ を)タップします。

2 入力欄にツイートを入力します。

3 入力したテキストのあとに半角スペースと「#キーワード」を入力して、

4 ＜ツイート＞をタップします。

5 ツイートの投稿が完了し、「#キーワード」がリンクとして表示されます。

▶Memo

ハッシュタグで使える文字

ハッシュタグは、興味のある話題に関するツイートを閲覧したり、共通の趣味を持ったユーザーを探すのに役立ちます。ハッシュタグはユーザーが好きなように作成できるので、映画や頻繁に訪れる場所の名前など、いろいろなキーワードで検索してみましょう（タグをタップすると検索できます）。2014年8月現在、Twitterのハッシュタグキーワードは、日本語とアルファベットが利用可能です。ただし、記号・句読点・スペースは使用できず、挿入してしまうとハッシュタグがそこで切れてしまいます。

Section 20 第2章 >> 友達とコミュニケーションをとろう

リストを作ってユーザーを整理しよう

リスト機能を利用すると、目的別に選んだユーザーのみのタイムラインを作ることができます。リストは簡単に作成・編集・削除ができるので、使いこなしてツイートの整理に活かしましょう。

① リストを作成する

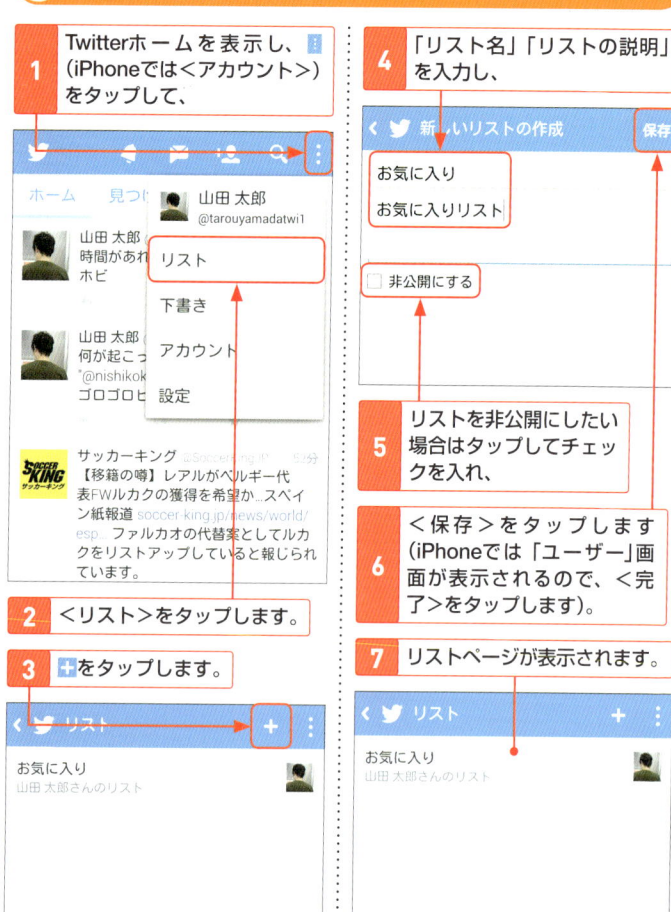

1 Twitterホームを表示し、 （iPhoneでは＜アカウント＞）をタップして、

2 ＜リスト＞をタップします。

3 ＋をタップします。

4 「リスト名」「リストの説明」を入力し、

5 リストを非公開にしたい場合はタップしてチェックを入れ、

6 ＜保存＞をタップします（iPhoneでは「ユーザー」画面が表示されるので、＜完了＞をタップします）。

7 リストページが表示されます。

② リストにユーザーを追加する

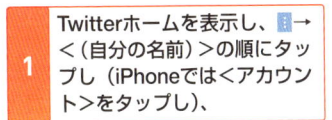

1 Twitterホームを表示し、■→＜（自分の名前）＞の順にタップし（iPhoneでは＜アカウント＞をタップし）、

2 ＜フォロー＞をタップします。

フォローしているユーザーが一覧表示されます。

3 リストへ加えたいユーザー名をタップし、

4 ✿をタップして、

5 ＜リストに追加＞をタップします。

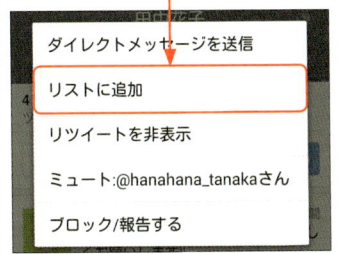

6 加えたいリストをタップ（iPhoneでは、加えたいリスト→＜完了＞の順にタップ）すれば、ユーザーがリストに追加されます。

第2章 友達とコミュニケーションをとろう

253

❸ 作成したリストを閲覧する

1 P.252手順 **1**〜**2** を参考に「リスト」画面を表示し、作成したリストをタップします。

2 リストに登録されたユーザーのツイートが表示されます。

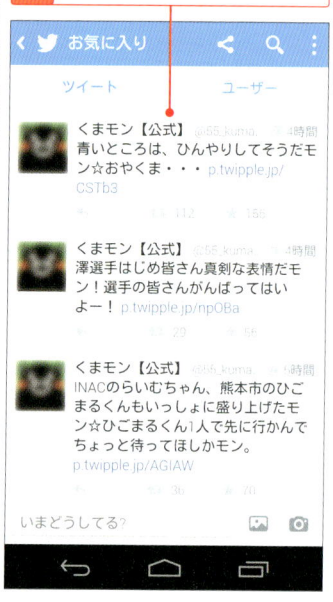

▶Memo

ほかの人が作ったリストをフォローする

ほかの人が作ったリストが公開設定になっている場合は、そのリストを閲覧することができます。また、そのリストに追加されているユーザーをフォローすることもできます。ほかのユーザーのプロフィールを表示したら、＜リスト＞をタップします。すると、ユーザーが公開設定しているリストが一覧で表示されます。閲覧したいリストをタップし、＜ユーザー＞をタップすれば、リストに追加されているユーザーの一覧が表示されます。ユーザーのフォロー方法は、Sec.05を参照してください。

④ リストからユーザーを削除する

P.254手順1を参考に、リストを表示します。

1 <ユーザー>をタップします（iPhoneでは<編集>→<ユーザーの管理>の順にタップします）。

リストに追加しているユーザーが一覧で表示されます。

2 削除したいユーザーの名前の右側にある×をタップします。

3 <はい>をタップすれば、リストからユーザーが削除されます（iPhoneでは、この確認画面は表示されません）。

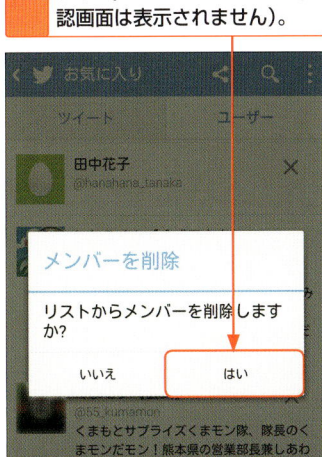

▶Memo

リストを編集・削除する

リストを編集したい場合は、リスト表示後に■→<リストを編集>（iPhoneでは<編集>）をタップすれば、リスト名や公開設定を変更することができます。リストを削除したい場合は、リスト表示後に■→<リストを削除>（iPhoneでは<編集>→<リストの削除>）をタップすれば、リストを削除することができます。

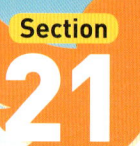

第2章 >> 友達とコミュニケーションをとろう

Section 21 友達が何をしているのか見てみよう

Twitterの「アクティビティ」には、フォローした人の近況が表示されます。フォローした人が自分以外にどんなユーザーをフォローしているのかを知りたいときなどに、利用してみるとよいでしょう。

❶ アクティビティをチェックする

1 Twitterホームを表示したら、

2 <アクティビティ>をタップします(iPhoneでは画面を左方向に2回スワイプします)。

3 新しくフォローした相手やお気に入りに登録したツイートなど、フォローした人の近況が表示されます。

▶Memo

アドレス帳から友達を探す

Twitterホームを表示したら、👥→<知り合いのユーザーをさらに見る>(iPhoneでは<知り合いをさらに見る>)をタップすると、本体のアドレス帳に登録されているメンバーで、すでにTwitterを始めているユーザーを検索することができます。また、Twitterに登録していないユーザーを招待することもできます。交流の輪をもっと広げたいときなどに、利用してみましょう。

Twitter 編

第 3 章

TwitterのQ&A

Section 22	ツイートを非公開にしたい!
Section 23	特定のフォロワーをブロックしたい!
Section 24	通知の設定を変更したい!
Section 25	パスワードを忘れてしまったら?
Section 26	Twitterを退会したい!

第3章 >> TwitterのQ&A

Section 22 ツイートを非公開にしたい!

初期設定では、ツイートは全体公開に設定されており、Twitterユーザー以外もそのツイートを見ることができます。フォロワー以外にツイートを見られたくない場合は、ツイートを非公開設定に変更しましょう。

① フォロワーだけにツイートを見てもらいたい

1 Twitterホームを表示し、 を タップします（iPhoneの場合はMemo参照）。

山田 太郎
@tarouyamadatwi1
リスト
下書き
アカウント
設定

2 <設定>をタップします。

< 🐦 設定

一般設定

@tarouyamadatwi1

アカウントを追加する
Twitter アカウントを追加する

ツイート画像スクリーンセーバー
ツイート画像スクリーンセーバーを設定して、世界中の画像をお楽しみください。

バージョン 5.18.1

3 <アカウント名>をタップします。

Twitterアカウントの設定画面が表示されます。

4 「ツイートの公開設定」の右側にあるチェックボックスをタップしてチェックを入れます。

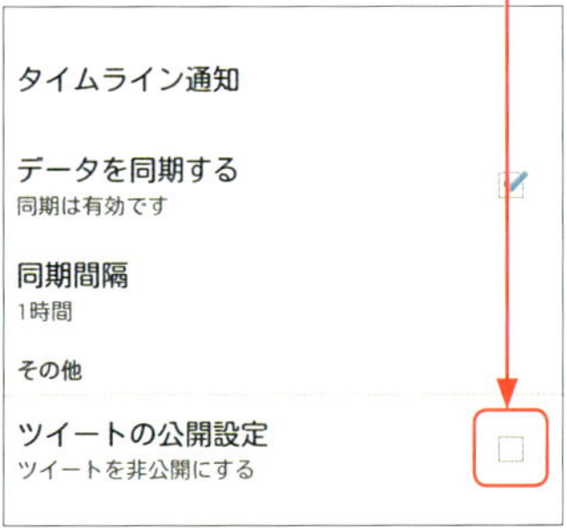

タイムライン通知

データを同期する
同期は有効です

同期間隔
1時間

その他

ツイートの公開設定
ツイートを非公開にする

▶Memo

iPhoneで非公開にする

iPhoneで非公開にするには、SafariでTwitterの公式サイト（https://mobile.twitter.com/）にアクセスしてログインし、<設定>→「アカウントとプライバシー」の<編集>→<ツイートの公開設定>の順にタップして設定を行います。

5 チェックボックスのチェックが入ったら、今後のツイートがすべて非公開設定に変更されます。

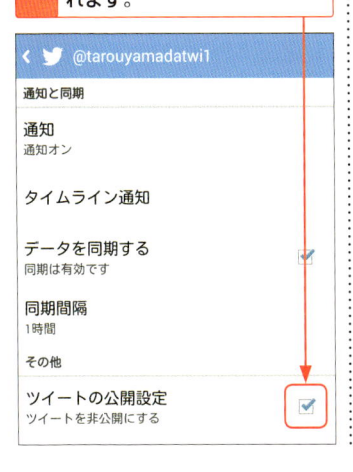

く 🐦 @tarouyamadatwi1
通知と同期
通知 通知オン
タイムライン通知
データを同期する　　　　　☑ 同期は有効です
同期間隔 1時間
その他
ツイートの公開設定　　　　☑ ツイートを非公開にする

▶Memo

非公開設定以降の表示

ツイートを非公開設定にすると、フォロワー以外からはツイートが閲覧できなくなりますが、非公開設定以前にフォロワーになったユーザーはそのまま継続してツイートを閲覧できます。フォロワー以外が非公開設定になったツイートを閲覧したい場合は、フォローリクエストを送信する必要があります。許可すればそのユーザーはフォロワーとなり、非公開になったツイートも閲覧することができます。

② ほかの人からの見え方

● フォロワー

@tarouyamadatwi1		
10 ツイート	12 フォロー	4 フォロワー
⚙　　　★		👤✓ フォロー中

山田 太郎 @tarouyamadatwi1　29分
もうすぐ夜明けです。

● フォロワー以外

@tarouyamadatwi1		
11 ツイート	12 フォロー	4 フォロワー
⚙		+👤 フォローする

山田 太郎さんのアカウントは非公開です。

Only confirmed followers have access to 山田 太郎's Tweets and complete profile

▶Memo

フォローリクエストを受信した場合

自分のツイートを非公開に設定したあとは、ほかのユーザーからフォローリクエストが送信されてくる場合があります。通知を確認し、そのユーザーのプロフィールを表示したら、「(ユーザー名)からのフォローリクエスト」が表示されます。ツイートを見せてもよい場合は<許可>を、ツイートを見せたくない場合は<拒否>をタップしましょう。

Section 23 特定のフォロワーをブロックしたい！

第3章 >> TwitterのQ&A

特定のフォロワーにツイートを見られたくなかったり、ダイレクトメッセージやリプライを送信されたくない場合はブロックを設定しましょう。ブロックしたユーザーに通知が届くことはありません。

1 フォロワーをブロックする

1 ブロックしたいユーザーの「プロフィール」を表示します。

2 ✿をタップします。

3 ＜ブロック／報告する＞（iPhoneでは＜ブロックまたはスパム報告＞）をタップし、

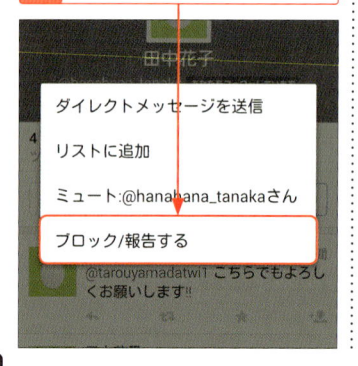

4 「（ユーザー名）さんをブロック」のチェックボックスをタップしてチェックを入れ、

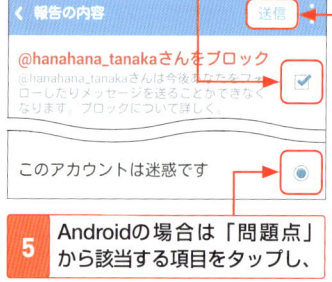

5 Androidの場合は「問題点」から該当する項目をタップし、

6 ＜送信＞（iPhoneでは＜送信する＞）をタップすれば、ユーザーがブロックされます。

▶Memo

ブロックを解除する

間違えてブロックしてしまった場合などは、ブロックを解除しましょう。ブロックした相手のプロフィールページから、＜ブロック済み＞→＜はい＞（iPhoneでは＜ブロック中＞→＜ブロックを解除する＞）をタップすればブロックが解除されます。

Section 24

第3章 >> TwitterのQ&A

通知の設定を変更したい!

Twitterの<通知>には、ほかのユーザーからフォローされたり、リツイートやお気に入りなどをされたときなどに通知するよう初期設定されています。通知の項目を制限したい場合は、通知設定で変更することができます。

① ステータスアイコンの通知設定を行う

P.258手順 1 ～ 3 を参考にアカウント設定画面を表示します。iPhoneの場合は、<アカウント>→✿→<設定>→<(アカウント名)>の順にタップします。

1 <通知>をタップします。

< 🐦 @tarouyamadatwi1

通知と同期

通知
通知オン

タイムライン通知

データを同期する
同期は有効です

同期間隔
1時間

2 通知設定を変更したい項目の右側にあるチェックボックスをタップしてチェックを入れ、

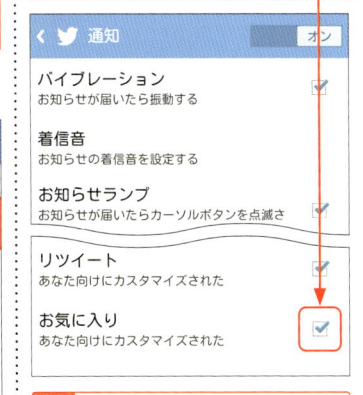

< 🐦 通知　　　　　　　オン

バイブレーション
お知らせが届いたら振動する

着信音
お知らせの着信音を設定する

お知らせランプ
お知らせが届いたらカーソルボタンを点滅さ

リツイート
あなた向けにカスタマイズされた

お気に入り
あなた向けにカスタマイズされた ☑

3 任意の通知範囲のボタンアイコンをタップすると、通知設定が変更されます。

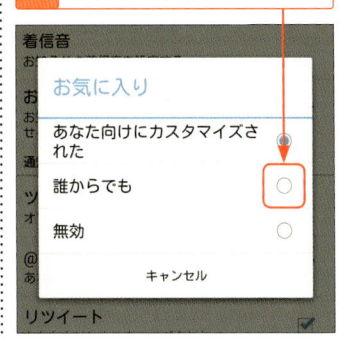

お気に入り

あなた向けにカスタマイズされた ●

誰からでも ○

無効 ○

キャンセル

▶Memo

iPhoneで通知設定をする

iPhoneで通知設定を変更するには、あらかじめホーム画面から<設定>→<通知センター>→<Twitter>の順にタップし、「通知スタイル」を<バナー>にして、「ロック画面の表示」をオンにします。

Section 25 パスワードを忘れてしまったら?

第3章 >> TwitterのQ&A

Twitterのパスワードを忘れてしまった場合は、ログイン画面からパスワードを再設定できます。パスワードの再設定は、メールアドレスに再設定ページのリンクを送信する方法、電話番号にコードを送信する方法が用意されています。

① メールアドレスを使って再設定する

1 Twitterログイン画面を表示し、<ログイン>をタップします。

2 <パスワードを忘れた場合はこちら>(iPhoneの場合は<パスワードをお忘れですか>)をタップします。

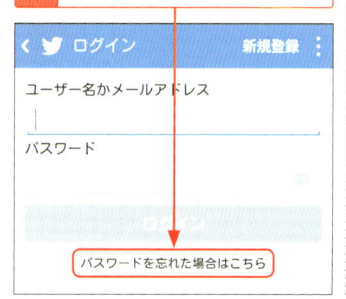

3 メールアドレスを入力して、

4 <検索>をタップします。

▶Memo

パスワードを変更する

パスワードを変更したい場合は、Twitterの公式サイト(https://mobile.twitter.com/)にアクセスし、ログインします。<アカウント>→☼をタップし、<設定>→<パスワードを変更する>をタップし、「現在のパスワード」と「新しいパスワード」を2回入力して、<保存>をタップすれば、新しいパスワードに変更されます。

5 <(メールアドレス)へのリンクをメールで送信>をタップし、	**9** 新しいパスワードを2回入力し、

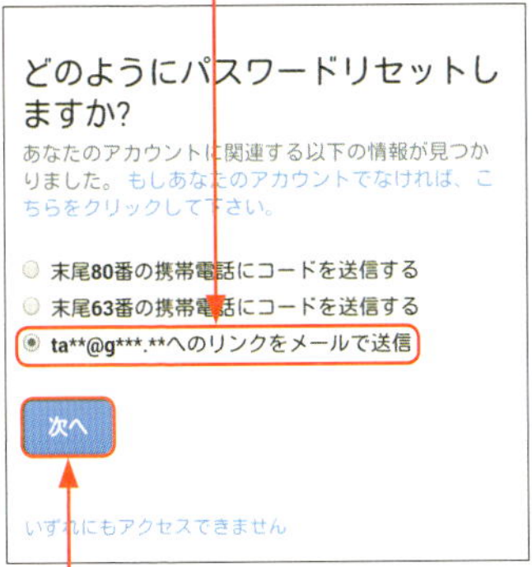

どのようにパスワードリセットしますか?

あなたのアカウントに関連する以下の情報が見つかりました。もしあなたのアカウントでなければ、こちらをクリックしてください。

- 末尾80番の携帯電話にコードを送信する
- 末尾63番の携帯電話にコードを送信する
- ta**@g***.**へのリンクをメールで送信

[次へ]

いずれにもアクセスできません

6 <次へ>をタップします。

7 メールアドレス宛てにパスワード再設定ページへのリンクが張られたメールが送信されます。

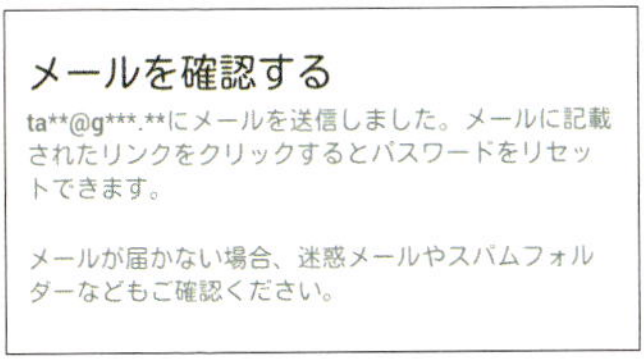

メールを確認する

ta**@g***.**にメールを送信しました。メールに記載されたリンクをクリックするとパスワードをリセットできます。

メールが届かない場合、迷惑メールやスパムフォルダーなどもご確認ください。

8 メール本文中のリンクをタップし、

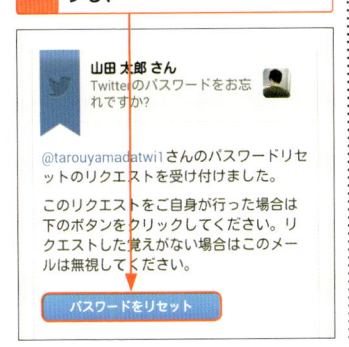

山田 太郎 さん
Twitterのパスワードをお忘れですか?

@tarouyamadatwi1さんのパスワードリセットのリクエストを受け付けました。

このリクエストをご自身が行った場合は下のボタンをクリックしてください。リクエストした覚えがない場合はこのメールは無視してください。

[パスワードをリセット]

パスワードをリセット

安全性の高いパスワードは英数字と記号を組み合わせたものです。詳しくはこちらをご覧ください。

新しいパスワードを入力

```
........
```
良い
新しいパスワードを再度入力してください
```
........
```
√

[送信]

10 <送信>をタップします。

11 パスワードが変更されました。

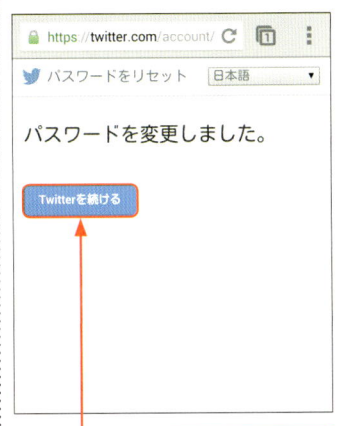

パスワードを変更しました。

[Twitterを続ける]

12 <Twitterを続ける>をタップします。

13 ブラウザアプリを終了し、Twitterアプリを起動すれば新しいパスワードの状態でログインされます。

Section 26

第3章 >> TwitterのQ&A

Twitterを退会したい!

Twitterを退会するには、TwitterアプリからではなくTwitterの携帯電話用サイトから退会手続きを行うことになります。一度退会しても、30日以内に再ログインすればアカウントを復活させることも可能です。

❶ Twitterを退会する

1 ブラウザで「https://twtr.jp」にアクセスし、

2 画面上部の<こちら>をタップします。

3 Twitterのユーザー名とパスワードを入力して、

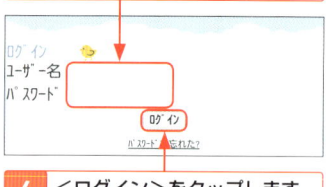

4 <ログイン>をタップします。

5 ログインすると、タイムラインが表示されるので、一番下までスワイプし、

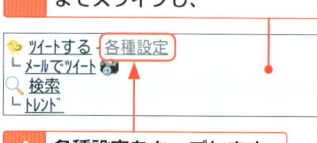

6 各種設定をタップします。

7 プロフィールの設定をタップし、

8 画面下部の<アカウントを削除する>をタップします。

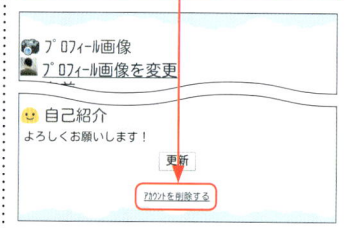

9 確認画面が表示されるのでパスワードを入力して、

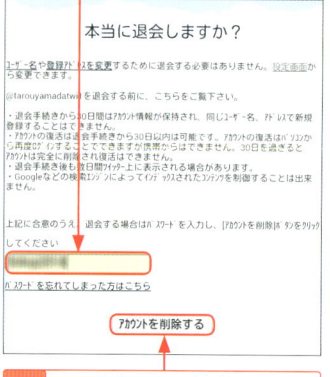

10 <アカウントを削除する>をタップします。

Twitter 編

第4章

パソコンで Twitterを使おう

Section 27	パソコンからTwitterにアクセスしよう
Section 28	つぶやいてみよう
Section 29	ツイートをチェックしよう
Section 30	ツイートをお気に入りに登録しよう
Section 31	気になる人のツイートを見てみよう
Section 32	気になる人をどんどんフォローしよう
Section 33	ほかの人のツイートにリプライで返事をしよう
Section 34	ツイートをリツイートしよう
Section 35	友達が何をしているのか見てみよう
Section 36	投稿したツイートを削除しよう

第4章 >> パソコンでTwitterを使おう

Section 27 パソコンからTwitterにアクセスしよう

パソコンでは、WebブラウザからTwitterを利用することができます。アプリ版よりも多くの情報を一覧できるのが特徴です。ここでは、パソコンのブラウザ版Twitterのログイン・ログアウトの方法を覚えましょう。

1 ログインする

1. WebブラウザでTwitter の公式サイト（http://twitter.com/）を表示します。

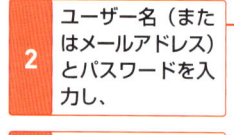

2. ユーザー名（またはメールアドレス）とパスワードを入力し、

3. ＜保存する＞にチェックを入れ、

4. ＜ログイン＞をクリックします。

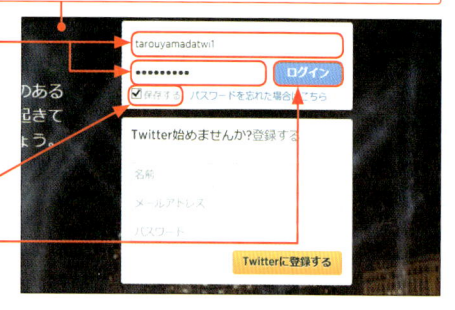

5. 「twitter.comのパスワードを保存しますか？」と表示されるので、＜はい＞をクリックします。

▶Memo

「パスワードのオートコンプリート」の選択

共有のパソコンを使用しているときなど、パソコンにパスワードを記憶させたくない場合は、手順5の画面で＜このサイトではしない＞をクリックしてください。

Twitter

6 ログインが完了し、Twitterホームが表示されます。

② ログアウトする

1 上部メニューの☆をクリックし、

2 <ログアウト>をクリックします。

3 ログアウトが完了します。

第4章 パソコンでTwitterを使おう

267

Section 28

第4章 >> パソコンでTwitterを使おう

つぶやいてみよう

ブラウザ版Twitterでは、画面左の<ツイートする>という欄に文字を入力し、<ツイート>をクリックするだけで簡単にツイートを投稿することができます。また、写真の投稿もここから行うことができます。

① ツイートを入力する

1	Twitterホームを表示し、画面左の<ツイートする>をクリックして、ツイートを入力します。
2	<ツイート>をクリックすると、
3	投稿が完了し、入力したツイートが表示されます。

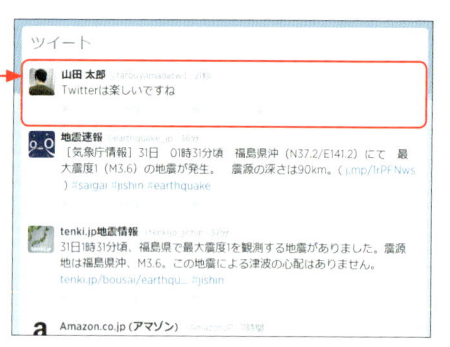

▶Memo

写真を投稿する

Twitterに写真を投稿したい場合は、手順 1 のあとに ◎ をクリックします。添付したい写真を選択し、空欄にツイートを入力して<ツイート>をクリックすれば、写真付きのツイートが投稿されます。

Section 29 ツイートをチェックしよう

第4章 ≫ パソコンでTwitterを使おう

Twitterホームでは、ツイートを着信した際にタイムライン最上部に通知が表示され、クリックすると内容を閲覧できます。通知はリアルタイムで届くので、好きなときにチェックしましょう。

① 新着ツイートをチェックする

1. Twitterホームを表示します。自分と、フォローしている人のツイートが着信順で表示されます。

2. 新しいツイートが投稿されると、タイムライン上部に通知が表示されるので、＜○件の新着ツイートを表示＞をクリックします。

3. タイムラインが更新され、新しいツイートが表示されます。

▶Memo

特定ユーザーのツイートを一覧表示する

自身のタイムライン上で、フォローしたユーザーの＜ユーザー名＞→＜詳しいプロフィールを見る＞をクリックすると、そのユーザーのツイートを一覧表示できます。

第4章 >> パソコンでTwitterを使おう

Section 30 ツイートをお気に入りに登録しよう

好感を持ったツイートは、「お気に入り」に登録し、保存することができます。保存数の上限などは特に定められていないので、気軽に登録してみましょう。お気に入りのツイートはいつでも好きなときに確認することができます。

1 ツイートをお気に入りに登録する

1 「お気に入り」に登録したいツイートにマウスカーソルを移動し、

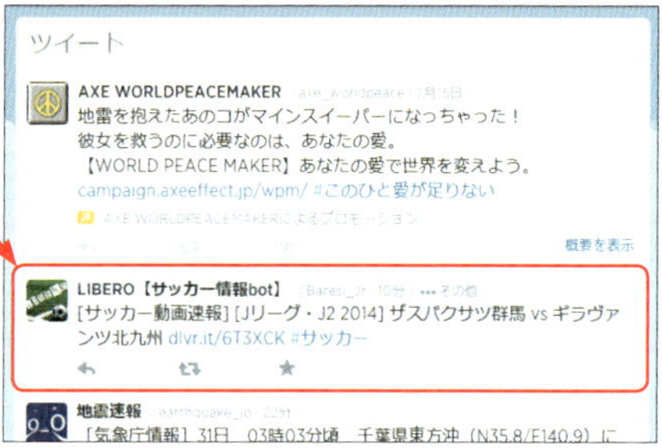

2 ★をクリックします。

3 ツイートが「お気に入り」に登録され、アイコンが★に変化します。

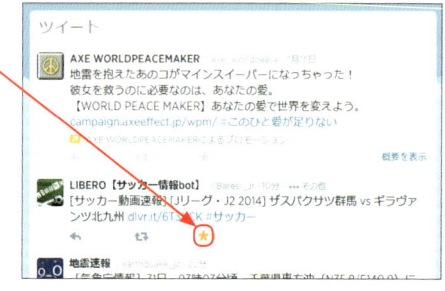

270

② 登録したお気に入りを確認する

1. Twitterホームを表示し、
2. 自分のユーザー名をクリックします。
3. <お気に入り>をクリックします。 
4. 「お気に入り」に登録したツイートが、時系列で表示されます。

③ お気に入りからツイートを削除する

1. 「お気に入り」から削除したいツイートにマウスカーソルを移動させて、★にカーソルを合わせます。 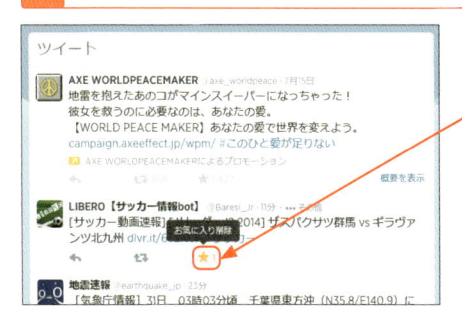
2. 「お気に入り削除」と表示されるので、★をクリックすれば、「お気に入り」から削除されてアイコンが☆に変化します。

Section 31　第4章 >> パソコンでTwitterを使おう

気になる人のツイートを見てみよう

＜キーワード検索＞や＜見つける＞などを利用して表示されたタイムラインの中から気になるツイートを見つけたら、その人のプロフィールページへ移動し、ほかのツイートも覗いてみましょう。

① 気になる人のツイートを見る

キーワード検索や＜見つける＞を利用して気になるツイートやユーザーを表示します。

1. タイムラインから気になるツイートを探して、
2. ユーザー名をクリックします。 
3. そのユーザーのプロフィールが表示され、
4. そのユーザーのほかのツイートを、まとめて読むことができます。

272

Section 32

気になる人をどんどんフォローしよう

第4章 >> パソコンでTwitterを使おう

Twitterでは多くのユーザーがお互いをフォローしています。パソコンでのツイートの投稿や閲覧に慣れてきたら、気になったユーザーを見つけてフォローしてみましょう。ブラウザ版でも、フォローはするのも外すのも簡単です。

① 気になるユーザーをフォローする

1 P.272を参考に、フォローしたいユーザーのプロフィールを表示し、

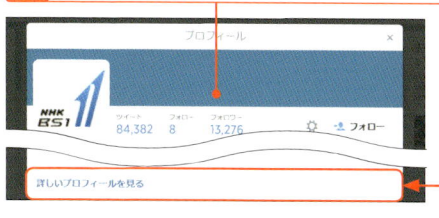

2 <詳しいプロフィールを見る>をクリックします。

そのユーザーのプロフィールが表示されます。

3 <フォロー>をクリックします。

4 「フォロー中」と表示され、フォローが完了します。

▶Memo

おすすめユーザーや人気のアカウントを探す

タイムライン左側に表示されている<おすすめユーザー>や<人気のアカウント>からは、有名人のアカウントやあなたの趣味にあったアカウントを探してくれます。誰をフォローするか迷った場合は、ここから探してみましょう。

Section 33 第4章 >> パソコンでTwitterを使おう

ほかの人のツイートに リプライで返事をしよう

ブラウザ版で特定の誰かにツイートを返信したい場合は、↶ をクリックしてリプライを送信します。リプライしたツイートもほかのツイートと同じように、タイムライン上に表示されます。

❶ 誰かのツイートにリプライする

1. Twitterホームを表示し、
2. 気になるツイートにマウスカーソルを移動して、

3. ↶ をクリックします。

リプライの入力欄が表示されます。

4. リプライの入力欄に「@相手のユーザー名」と「 」(半角スペース)が表示されていることを確認します。

5	半角スペースのあとに返信したいテキストを入力して、
6	<ツイート>をクリックします。
7	返信したリプライが「@ユーザー名 テキスト」としてタイムライン上に表示されます。

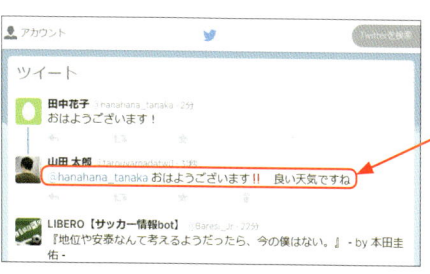

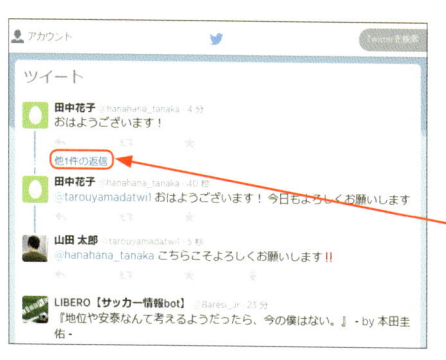

何度かリプライをやり取りした場合は、最初と最新のリプライのみが表示されます。

8	<他○件の返信>をクリックすれば、リプライのやり取りが一覧で表示されます。

▶Memo

ブラウザ版でダイレクトメッセージを送信する

Sec.17のように、ブラウザ版でダイレクトメッセージを送信する場合は、Sec.32手順 1 の画面で ✿ →<ダイレクトメッセージを送る>の順にクリックして、メッセージの内容を入力したら<メッセージを送信>をクリックします。アプリのときと同様にお互いがフォロワーの関係になっていないと送信できません（Sec.17参照）。

第4章 >> パソコンでTwitterを使おう

Section 34 ツイートをリツイートしよう

リツイートには、非公式(引用)リツイートと公式リツイートの2種類があります。ブラウザ版には引用機能がないので、非公式リツイートはツイートをコピーする方法が主流です。公式と非公式の違いについてはP.249を参照してください。

① 公式リツイートを行う

1 リツイートしたいツイートにマウスカーソルを移動し、

2 🔁 をクリックします。

「このツイートをリツイートしますか?」と表示されます。

3 <リツイート>をクリックします。

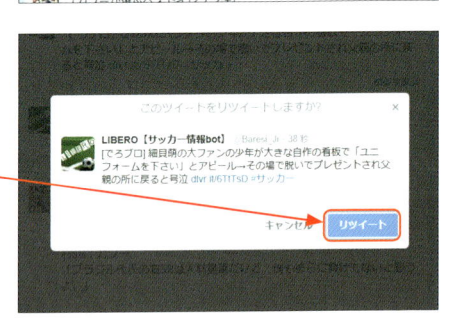

4 リツイートが完了し、リツイートのアイコンが 🔁 に変わります。

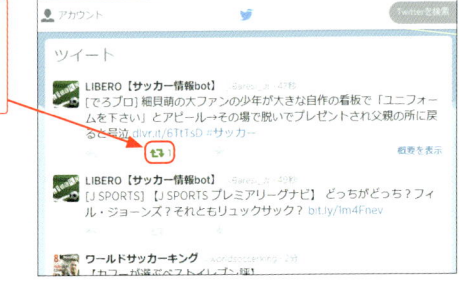

276

❷ 非公式リツイートを行う

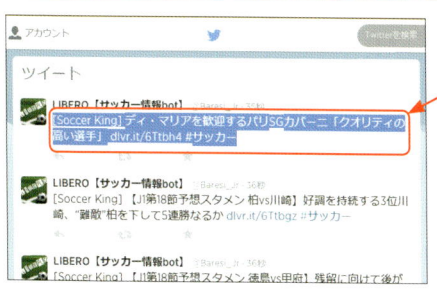

1 リツイートしたいツイートをドラッグしてコピーし、

2 ツイート入力欄へ貼り付けます。

3 「RT @相手のユーザー名」を先頭に入力して、

4 <ツイート>をクリックします。

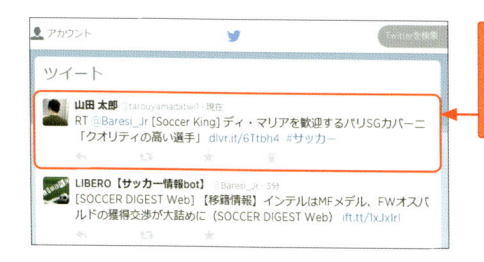

5 リツイートが完了し、入力内容がタイムラインに表示されます。

第4章 >> パソコンでTwitterを使おう

Section 35
友達が何をしているのか見てみよう

アクティビティからは、フォローした友達がTwitterで何をしているか見ることができます。アクティビティからは、友達がフォローしたユーザーをフォローすることもできるため、確認してみましょう。

① アクティビティを確認する

1. <見つける>をクリックして、

2. <アクティビティ>をクリックします。

3. フォローした友達の活動が一覧で表示されます。

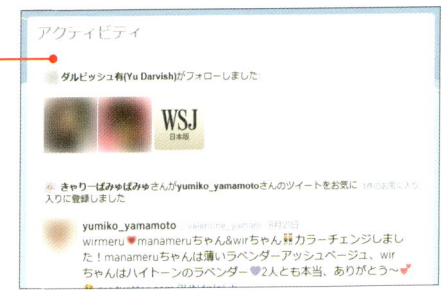

Section 36

第4章 >> パソコンでTwitterを使おう

投稿したツイートを削除しよう

ブラウザ版でもツイートの削除は容易に行うことができます。ただし、ほかの人が非公式リツイートしたツイートは削除できないので、投稿前に自分のツイートをしっかり確認してから投稿するようにしましょう。

❶ ツイートを削除する

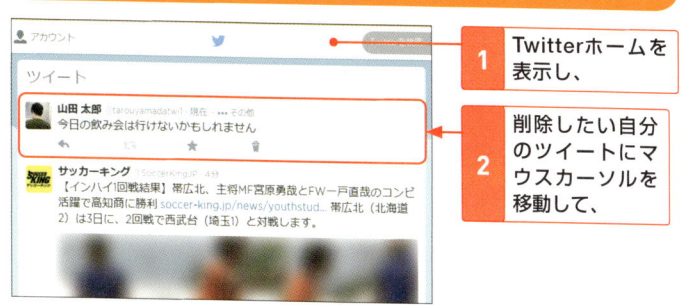

1. Twitterホームを表示し、

2. 削除したい自分のツイートにマウスカーソルを移動して、

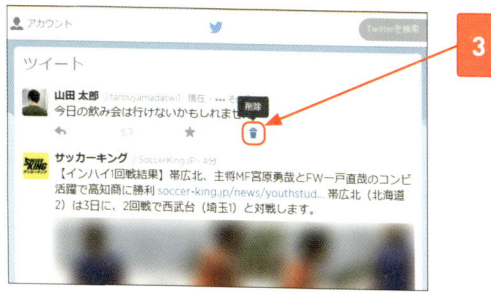

3. 🗑 をクリックします。

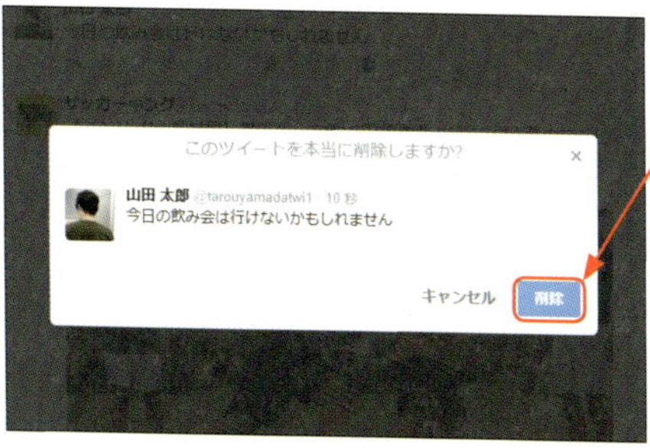

4. ＜削除＞をクリックすると、ツイートが削除されます。

索引 LINE編

アルファベット

Facebookアカウント	96
ID	26
ID検索	32
iPhoneで通知設定	100
LINE	17
LINE電話	78
QRコード	34

あ行

アイコン	24
アカウント	18
いいね!	92
位置情報	36
絵文字	66
お気に入り	45

か行

画像	116
企業アカウント	73
機種変更	105
起動	20
既読	50
グループ	82
グループトーク	86
グループのアイコン	88
グループノート	90
グループ名	87
グループを退会	94
コイン	62
公式アカウント	80
コメント	93

さ行

自動追加	39, 42
写真	67
終了	21
受信	50
招待	39, 71
知り合いかも?	31
スタンプ	56, 115
スタンプの使用履歴	59
スタンプをダウンロード	56, 61
スタンプを利用	58

た行

退会	110
着信音	102
通知設定	98
電話帳	38
電話番号	18
動画	68
トーク(スマートフォン)	48

トーク（パソコン）	114
トークルーム	70
友だち	30
友だちリスト	44
友だちを管理	42
友だちを紹介	72

な行

名前	22
名前を変える	44
認証番号	19
年齢確認	27

は行

背景デザイン	52
パスコード	104
パソコン	112
ビデオ通話	75
ひとこと	23
非表示	46
復元	107
不在着信	77
プライバシー管理	33
ふるふる	36
プレゼント	64
ブロック	31, 40
プロフィール	22

ま行

無料通話	74, 118
メイン画面	25
メールアドレス	105
メッセージ	49
メッセージを削除	109

や・ら行

有料スタンプ	63
履歴を保存	106
ログアウト	120

索引 Facebook編

アルファベット

Facebook	122
Facebookページ	123
Internet Explorer	202

あ行

アカウント	124
アカウントの解除申請	200
アクティビティログ	145, 211
アップロード	216
アルバム	168
アルバムを編集	169
いいね！（スマートフォン）	164
いいね！（パソコン）	210
イベント	190
お知らせ	139, 143
お知らせ設定	181
おすすめ	150

か行

外部のWebページ	165
確認コード	126
画面構成	140
基本データ	133
共通の友達	167
共有範囲	131, 135
近況（スマートフォン）	144, 156
近況（パソコン）	208
グループ	178, 216
グループに参加	178
グループメニュー	182
グループを作成	186
グループを退会	185
検索	148
公開範囲	131, 135, 136, 178, 198
交際関係	132
個人情報	198
コメント	162

さ行

シェア	165
自己紹介	128
写真	144, 157
職歴と学歴	130
知り合いかも	150
スポット	141, 144
スポット情報	159
住んだことのある場所	131
制限リスト	172

た行

タイムライン	142
タグ付け	137

チェックイン	144
チャット	143, 174
つながりの設定	136, 194
投稿（スマートフォン）	156, 182
投稿（パソコン）	208
投稿範囲	156
投稿を削除	161
投稿を編集	160
ドキュメント	184, 216
トップページ	122
友達	148
友達から削除	218
友達タグ	158
友達リクエスト	149, 194

な行

名前で検索	205
ニュースフィード	141, 212

は行

ハイライト	212
パスワード	125
パソコン	202
フィルタ	145
複合条件で検索	207
プッシュお知らせ	181
プライバシー	134
ブラウザ版	202
ブロック	172
プロフィール	128
プロフィール写真	129
プロフィールページ	166
ヘルプセンター	146
ホーム画面	140, 203

ま行

メインページ	140
メールアドレス	148
メールアドレスで検索	204
メールによる通知	196
メッセージ	143
メッセージを送信	174
メッセージを返信	175
メニュー	143

ら行

リスト	152, 214
リストの編集	153, 215
リストの作成	153, 214
連絡先情報	134
ログアウト	209
ログイン	209

索引 Twitter編

アルファベット・あ行

Twitter	220
アイコン	224
アカウントを登録	222
アクティビティ	256, 278
お気に入り（スマートフォン）	239
お気に入り（パソコン）	270
おすすめのユーザー	229

か行

キーワードで検索	236
公式リツイート（スマートフォン）	248
公式リツイート（パソコン）	276

さ行

削除	279
写真を投稿	232

た行

退会	264
ダイレクトメッセージ（スマートフォン）	246
ダイレクトメッセージ（パソコン）	275
ツイート	220
ツイートを削除	240
ツイートを投稿	230
通知の設定	261
友だちを探す	256
トレンド	234

は行

パスワード	262
ハッシュタグ	236, 250
非公開	258
非公式リツイート（スマートフォン）	249
非公式リツイート（パソコン）	277
フォロー（スマートフォン）	228
フォロー（パソコン）	273
フォロー解除	229
ブロック	260
プロフィール	224, 238
ホーム	227

ら行

リスト	252
リストをフォロー	254
リプライ（スマートフォン）	244
リプライ（パソコン）	274
ログアウト	267
ログイン	266

付録

用語集 >> LINE

SNSでよく使われる用語

LINE、Facebook、Twitterには、オリジナルの用語が数多く登場します。「この言葉はどういう意味だっけ?」と思ったら、この用語集で確認しましょう。

◯ LINE基本用語集

用語名	意味
トーク	LINE上で行う、友だち同士でのメッセージやスタンプのやりとり全般を意味します。
無料通話	LINEの友だち同士であれば、電話番号を知らなくても通話できる機能のことです。
トークルーム	友だちとのトークや無料通話の履歴が一覧表示される画面のことです。
友だち	トークや無料通話をやりとりして交流できる、自分以外のLINEユーザーのことです。
友だちリスト	友だちに追加したLINEユーザーが一覧で表示されるリストのことです。
スタンプ	言葉によるメッセージと同様に、トークでやりとりできるLINE独自のイラストのことです。
プロフィール	LINE上での、名前や電話番号などの個人情報のことです。
アイコン	自分や友だちを表す画像のことです。
ID	友だちを探すときに利用する、LINE上でのユーザー名のことです。
ID検索	IDを利用して、友だちを検索することです。18歳未満はID検索を利用できません。
グループ	参加している友だちの間で、トーク履歴やグループノートを共有できるサービスのことです。
グループノート	トークとは別に、グループのメンバーがメッセージや画像などを投稿し、グループ内で自由に閲覧できる機能です。
アルバム	トークルームごとに写真を整理して、トークルームのメンバーが自由に閲覧・編集できる機能のことです。
タイムライン	自分や友だち、公式アカウントの投稿が時系列順に表示される画面のことです。
公式アカウント	企業や著名人などが運営するLINEのアカウントのことです。
ブロック	意図せず追加してしまった友だちに対して、トークや無料通話による交流をできなくする機能のことです。
LINE電話	一般の携帯電話や固定電話と格安で通話できる、LINEの通話サービスです。

Facebook基本用語集

用語名	意味
いいね!	友達の近況や写真、外部サイトなどで気軽に共感したことを表す機能のことです。
グループ	友達や共通の趣味を持つ仲間など、少人数のグループとコミュニケーションをとることができる機能のことです。
シェア	自分や友達の近況や写真、気に入ったWebページなどを書き込んで友達と共有できる機能のことです。
友達リクエスト	Facebookユーザーに自分の友達になってもらうためのリクエストを送信する機能のことです。相手が承認すれば友達として登録されます。
友達リスト	任意の名前のリストを作成し、友達を分類できる機能のことです。
ニュースフィード	自分や友達が投稿した近況や写真、コメントやいいね!などが表示される画面のことです。
Facebookページ	著名人や有名人、企業などが様々な情報をユーザーに発信するFacebook上のホームページのようなツールのことです。
スポット	Facebookに登録されている施設や場所の情報が掲載されているページです。
チェックイン	スポットで登録されている場所を訪れたときに、友達に自分の位置情報を送信できる機能です。
イベント	ユーザーが自由にイベントを登録し、共有できる機能のことです。登録したイベントは友達を招待することも可能です。
フォロー	自分の友達ではないFacebookユーザーが公開した近況や写真を、自分のニュースフィードに表示させることができる機能です。
メッセージ	特定の相手にメッセージを送信できる機能です。友達以外のFacebookユーザーにも送信することができます。
ブロック	特定のユーザーから自分のタイムラインや投稿の閲覧をできなくしたり、検索できないようにする機能のことです。
公開範囲	近況やプロフィールなどの情報を、どこまで公開するか設定できる機能のことです。
Facebookアプリ	Facebook上で使うことができるゲームやツールの総称のことです。
知り合いかも?	登録されているメールアドレスや電話番号などの情報から、関連性の高いユーザーを表示してくれる機能のことです。

用語集 >> Twitter

Twitter基本用語集

用語名	意味
アカウント	Twitterで使用するユーザーの名前のことです。1つのメールアドレスにつき1アカウントが付与されるのが基本です。
ツイート	Twitterに投稿する140文字以内のメッセージのことです。「つぶやき」とも呼ばれます。
お気に入り	気に入った投稿を後で読み返すことができる機能のことです。ツイート欄下部の小さな星印のアイコンで表示されます。
フォロー	特定のユーザーのツイートを自分のホーム画面のタイムラインに表示する機能のことです。
フォロワー	特定のユーザーのことをフォローしているユーザーのことです。
位置情報（ジオタグ）	現在地をツイートに追加し、ほかのユーザーと共有することができる機能のことです。
リツイート（RT）	ほかのユーザーのツイートを自分のタイムラインに再投稿することで、フォロワーと共有できる機能のことです。
引用ツイート（非公式リツイート、QT）	ほかのユーザーのツイートを引用しながら、自分のコメント入れて自分のタイムラインに投稿する機能のことです。
リプライ	Twitterの返信機能のことです。リプライのツイートには「@ユーザー名」が冒頭に表示されます。
ダイレクトメッセージ（DM）	送信ユーザーと受信ユーザーのみでやりとり／閲覧できる非公開メッセージのことです。
ハッシュタグ（#）	ツイートやトピックの印付けに使用されるタグのような機能のことです。同じタグを付けたツイートを一括検索できます。
アクティビティ	ユーザーの最新のお気に入り、リツイート、フォローなどを確認することができる画面のことです。
非公開アカウント	設定することで、ツイートが検索に反映されなくなり、承認するフォロワーにのみ表示されます。
アイコン（プロフィール画像）	プロフィール画面にアップロードされた画像のことです。大きさは400×400ピクセル（最大10MB）が推奨されています。
リスト	複数のユーザーをまとめて管理することができる機能のことです。好みやテーマに沿ったリストを作成し、ほかのユーザーと共有することもできます。
ブロック	特定のユーザーからのフォローを解除し、リプライやツイートを相手のタイムラインに表示させないようにする機能のことです。

■ お問い合わせの例

FAX

1 お名前
技術 太郎

2 返信先の住所またはFAX番号
03-XXXX-XXXX

3 書名
今すぐ使えるかんたんmini
LINE & Twitter & Facebook
基本&便利技

4 本書の該当ページ
134ページ

5 ご使用のOSのバージョン
Android（4.4.2）

6 ご質問内容
手順3の画面が表示されない

お問い合わせについて

本書に関するご質問については、本書に記載されている内容に関するもののみとさせていただきます。本書の内容と関係のないご質問につきましては、一切お答えできませんので、あらかじめご了承ください。また、電話でのご質問は受け付けておりませんので、必ずFAXか書面にて下記までお送りください。
なお、ご質問の際には、必ず以下の項目を明記していただきますようお願いいたします。

1. お名前
2. 返信先の住所またはFAX番号
3. 書名
   （今すぐ使えるかんたんmini
   LINE & Twitter & Facebook 基本&便利技）
4. 本書の該当ページ
5. ご使用のOSのバージョン
6. ご質問内容

なお、お送りいただいたご質問には、できる限り迅速にお答えできるよう努力いたしておりますが、場合によってはお答えするまでに時間がかかることがあります。また、回答の期日をご指定なさっても、ご希望にお応えできるとは限りません。あらかじめご了承くださいますよう、お願いいたします。ご質問の際に記載いただきました個人情報は、回答後速やかに破棄させていただきます。

問い合わせ先

〒162-0846
東京都新宿区市谷左内町21-13
株式会社技術評論社　書籍編集部
「今すぐ使えるかんたんmini
LINE & Twitter & Facebook 基本&便利技」質問係

FAX番号　03-3513-6167

URL：http://book.gihyo.jp

今すぐ使えるかんたんmini
LINE & Twitter & Facebook
基本&便利技

2014年10月20日　初版　第1刷発行
2016年 6月25日　　　　第4刷発行
著者●リンクアップ
発行者●片岡 巖
発行所●株式会社 技術評論社
　　　東京都新宿区市谷左内町21-13
　　　電話　03-3513-6150　販売促進部
　　　　　　03-3513-6160　書籍編集部
編集●リンクアップ
装丁・本文デザイン・DTP●リンクアップ
製本／印刷●図書印刷株式会社

定価はカバーに表示してあります。

落丁・乱丁がございましたら、弊社販売促進部までお送りください。
交換いたします。
本書の一部または全部を著作権法の定める範囲を超え、無断で
複写、複製、転載、テープ化、ファイルに落とすことを禁じます。

ISBN978-4-7741-6681-0 C3055

Printed in Japan